卫星定位导航基础

方群　袁建平　郑谔　编著

西北工业大学出版社

【内容简介】 本书共六章，主要内容有：常用的导航系统及GPS系统介绍，常用坐标系和卫星轨道，GPS信号结构与接收机原理，GPS观测方法，主要的GPS系统误差以及差分GPS原理和方法。本书是针对飞行器总体、控制、导航和制导方面的高年级大学生、研究生及有关科技人员应用GPS的需要，介绍有关的基础知识。也可供从事测绘、授时、交通运输、城市规划、野外考察、智能公路系统、精细农业和部队等领域进行定位、测速和时间传递的科技人员参考。

图书在版编目(CIP)数据

卫星定位导航基础/方群，袁建平，郑谔编著．—西安：西北工业大学出版社，1999.5(2020.1重印)

ISBN 978-7-5612-1128-1

Ⅰ．卫…　Ⅱ．①方…②袁…③郑…　Ⅲ．全球定位系统-卫星导航　Ⅳ．P228.4　TN967.1

中国版本图书馆CIP数据核字(2009)第009470号

出版发行：西北工业大学出版社
通信地址：西安市友谊西路127号　邮编：710072
电　　话：(029)88493844
网　　址：www.nwpup.com
印 刷 者：北京虎彩文化传播有限公司
开　　本：850 mm×1 168 mm　1/32
印　　张：6.062 5
字　　数：147千字
版　　次：1999年5月第1版　2020年1月第6次印刷
定　　价：21.00元

前　言

卫星系统用于定位导航几乎与人造卫星本身的发展同步进行。这一事实充分说明了全球卫星导航系统 GNSS 社会、军事、经济等方面需求的迫切性和必要性。世界上第一颗人造卫星是前苏联于 1957 年 10 月发射的。一年以后，美国启动了第一代 GNSS 系统——Transit（子午仪）的研究发展工作，1964 年交付使用。Transit 首次为航空、航海等领域提供了全球、全天候、高精度的导航和定位手段。GPS 即是在 Transit 的基础上于 1972 年开始发展的。

GPS 从研制到投入运行花费了 20 年时间，120 多亿美元。然而，在 70 年代后期，当 GPS 卫星刚发射了三四颗时，世界各国的科学家们就开始探索其各种用途，并且在海湾战争中得到了卓有成效的应用。目前，GPS 应用的范围越来越广，它被称为是“第四代导航系统”，是美国继阿波罗登月、航天飞机之后的“第三大航天工程”，是“美国国防部内影响最深远的计划之一”。不仅如此，GPS 还从高技术应用领域走向日常生活，美国《未来学家》杂志 1997 年 2 月号预计未来 30 年中“人人将接触 GPS，大大改变人类的生活方式”。

我们将此书献给从事这方面研究工作和学习的大学生、研究生及科技人员，使之能从中了解到有关卫星导航定位的基础知识。

编　者

1998 年 6 月

目　　录

第一章 绪 论

1.1 导航的概念和方法

人类早期的导航经历随着岁月的流失已消逝，但历史却记录下了许多导航事例，如古代的航海家通过观测星球来导引船舶。今天，这种古老的方法随着空间技术、微电子技术和计算机技术的出现又得以发展。现代的卫星导航系统正是以这些综合技术为基础，在人类导航史上兴起的一场革命。

“导航”的传统定义为：引导交通工具或其他运动物体从一个位置移动到另一个位置的过程。我们面临的世界交通运输和其他运载体迅猛增加，而能源日趋短缺，交通伤亡和能源浪费难以数计。因此，现代导航不仅要解决运动物体移动的目的性，更要解决其运动过程的安全性和有效性。目前广泛使用的导航方法有以下几种。

(1) 航标方法：过去人们习惯称之为目视方法，这是一种借助于信标或参照物把运动物体从一个地点引导到另外的地点。在飞机进场着陆时，这种方法仍在使用，经验性很强。

(2) 航位推算法：它是通过推算一系列测量的速度增量来确定位置的。目前，航位推算法仍广泛使用在航海、航空和车辆自动定位系统中。航位推算导航技术克服了前一种方法的缺点，不受天气、地理条件的限制，保密性强，是一种自主式导航。但随着时间的推移，其位置累积误差会越来越大。惯性导航系统在原理上就是采用这种方法，但人们常说的航位推算大都采用方位仪（如磁罗盘）

和速度表。

(3) 天文导航:通过对天体精确地定时观测来定位的一种方法,目前仍广泛用在航海和航天,特别是星际航行中。它的缺点是误差累积及受时间和气象条件的限制,定位时间长,操作计算比较复杂。

(4) 惯性导航:它是通过积分安装在稳定平台(物理的或数学的)上的加速度输出来确定载体的位置和速度。它的应用领域非常广泛,可用于空间、航空、陆地、海上和水下。但是惯性导航系统的漂移误差会随时间累积,因此,目前惯导系统常常和其他导航系统相结合。

(5) 无线电导航:它是通过测量无线电波从发射台到接收机的传输时间来定位的一种方法,也可以通过测量无线电信号的相位或相角来定位。按照发射机或转发器所在的位置,无线电导航可分为地面基导航系统和空间基导航系统,如 Loran, Omega, Tacan, Vor, DME, 以及 GPS , GLONASS 等,目前大约有 100 多种。

属于卫星导航系统的有第一代卫星导航系统子午仪,1978 年由法国国家空间研究中心、NASA 及美国国家海洋和大气监督局发展起来的多普勒卫星系统 ARGOS;1983 年因商业需要而提出的世界上第一个能提供无线电测量、无线电导航、无线电定位、双向数字通信和救援服务的商用网络 GEOSTAR 系统;1985 年由欧洲空间局 ESA 开发的多用途卫星定位系统 NAVSAT;前苏联开发的卫星导航系统 GLONASS 以及美国的 GPS。

GLONASS 导航卫星于 1982 年 10 月开始发射,现已投入使用。它由 24 颗卫星组成卫星星座(21 颗工作卫星和 3 颗在轨备用卫星),均匀分布在 3 个轨道平面内,卫星高度为 19 100 km,轨道倾角为 64.8°,卫星运行周期为 11 小时 15 分钟。GLONASS 系统与 GPS 系统极为相似。主要区别在于,前者采用码分制,后者采用频分制，即每颗卫星采用不同的射电频率。此外，GLONASS 采用的 C/A 码长度比 GPS 的 C/A 码短一半，而码率是 GPS C/A 码的 1/2。GPS 的星历数据是用轨道的开普勒根数给出，根据星历计算卫星在 WGS84 坐标系中的直角坐标和速度分量，而 GLONASS 的星历是直接用直角坐标和速度分量表示。

GEOSTAR 系统由美国科学家于 70 年代末提出，利用地球同步定点卫星进行导航定位和通信。GEOSTAR 由沿赤道均匀分布的 6 颗地球同步卫星、地面中心站和用户设备组成。地面中心站用 6 500 MHz 的频率向一颗卫星发射询问信号，卫星接到询问信号后将它转换为 2 492 MHz 的信号向各用户转发。用户收到卫星信号后随即作出响应，发出 1 618 MHz 的应答信号，经 GEOSTAR 两颗卫星转发，将其送回到地面中心站。中心站根据发出访问信号的时刻和应答信号返回的时刻可计算出各卫星至用户的距离，进而确定出用户的两维位置。GEOSTAR 的特点是卫星数量少、结构简单；主要工作集中在地面中心站，用户设备简单、价格低廉；同时具有定位和通信服务能力。

1.2 常用导航子系统简介

1.2.1 惯性导航系统

惯性导航系统（INS—Inertial Navigation System）也称作惯性参考系统（IRS — Inertial Reference System）。惯性测量装置（IMU — Inertial Measurement Unit）是在 40 年代到 50 年代初在早期的航海陀螺仪、航位推算法及天文导航方法的基础上发展起来的。最早使用的是二次世界大战末期德国的 Y—2 型导弹。1953 年美国德雷珀实验室利用平台式惯导系统首次在一架 B—29 轰炸机上成功地进行了长达 10 h 的横贯美国大陆的飞行，INS

在以后进行了不断改进，应用于多种型号飞机上。1969年美国的“阿波罗—13”登月飞船成功地使用了捷联式惯导系统，其后又在“德耳塔”运载火箭、“海盗”火星登陆器、“捕鲸叉”反舰导弹上成功地应用了捷联式惯导系统。现在，几乎所有的军用或民用飞机、舰船、航天器、导弹及鱼雷都离不开INS，甚至在钻井、采矿、汽车及火车上得到了应用。

现代INS主要由惯性测量元件（陀螺、加速度计）、数字式处理器、导航算法和补偿算法组成。它具有高度的自主性、抗干扰能力和全天候工作能力，能在方便的坐标系里给出载体的位置、速度和姿态信息。陀螺是INS的心脏，系统的性能直接与陀螺提供精确的惯性参考系的能力相联系，而加速度计则是在陀螺所定义的参考系中提供载体的比力。于是，INS具有保持一个参考基准的能力。由于陀螺漂移和加速度表误差，INS误差随时间增长。INS精度还依赖于初始对准的水平。因而，目前提高INS精度的工作仍在于改进或开发新的惯性元件，研制更好的导航算法和改善处理器性能。

1.2.2 雷达

传统的用于导航的机载雷达提供对预知点的距离和航向，它是一种自主的空中导航设备。雷达用于导航的基本精度限制是方位误差，但方位误差可通过使用合成孔径雷达（SAR）来克服。许多现代雷达，特别是军用雷达都是相干的多模式的、数学式的、双通道的、采用相控阵技术的单脉冲传感器，并且是模式交替和可编程处理的。这些雷达具有4种基本功能：产生导航数据；空防能力；武器传递；辅助功能，例如空中加油等。导航功能包括高分辨率图像、实束地图（real - beam mapping）、气象探测、速度更新及高度更新。突防能力要求自动地形跟随和人工地形回避。武器传递不仅要求定位能力和识别模糊的目标区，而且要求特别精确的速度和高度信息。武器传递模式是精确定位、地面运动跟踪和地面信标跟踪。辅助功能包括空中加油和与装有机载信标的飞机空中交会。

多普勒雷达(Doppler Radar)利用多普勒频移现象，发射一定频率无线电能量到地面，然后测量返回能量的频移来确定地速。于是，DR 输出地速 v_G 和频移角 δ。δ 是飞机纵轴与地面速度向量之间的夹角。典型情况下，多普勒速度偏差的量级为地速的 0.1%。v_G 和 δ 的测量量是作为机载导航计算机的输入来提供。DR 最严重的误差出现在它在水面上空工作时，并且其精度随加速度增加而下降。飞机收到的回波多普勒漂移可表示为

$$\Delta f=(2/\lambda)v\cos\alpha$$

式中 λ —— 载波波长；

v —— 飞机相对地面的速度向量的幅值；

α —— 天线束与速度向量夹角；

$2/\lambda$ —— 定义为多普勒敏感度。

单束信号只能提供在该束方向上速度的分量，完整的速度确定至少需要 3 个信号束，而且要在 3 个正交的方向上。第 4 个信号束用于余度来增加可靠性和精度，因而现代雷达都采用四束技术。

DR 系统误差可分为两类：一类是雷达本身产生的速度误差，分为随机的、依赖于硬件和地形的常值偏差；第二类是航姿系统为雷达提供航向和姿态引入的误差。

1.2.3 塔康

塔康(TACAN—Tactical/Air Navigation)为飞行员和飞行控制系统提供相对于某地面站的斜距和航向信息，也可提供地面站的声音识别。通过给地面站发射一个脉冲，并测定接收响应脉冲之前的时间滞后，系统可测出飞机与地标之间的距离。根据地标的旋转天线图，系统也能显示地标到飞机的方位。作为方位的函数，并且与水平状态指示器一起，塔康提供到/离飞机和相对于飞机航向

的航路飘移信息。塔康的工作范围是离地面站 722.3 km,离另一架飞机 370.4 km,覆盖受限于视线。

使用塔康时,为了简化航路导航,FAA 建立了塔康地标之间的航路,飞机沿这些航路从一个塔康台到另一个塔康台,用距离测量标明它们在航路上的位置可估计到下一站的路程。

一个塔康系统的模型由 9 个状态组成:3 个位置,3 个速度和 3 个加速度。目前最好的数字式塔康系统可达到绝对距离精度 185 m,方位精度±1.0°,频率范围 962～1 213 MHz,其输出与惯性导航(INS)、区域导航(R—NAV)和自动导航系统(ANS)是兼容的。

1.2.4 罗兰

罗兰(Loran — Long Range Navigation)是一种低频、脉冲式的双曲线无线电导航与定位系统,它是在 40 年代由美国麻省理工学院应美国陆军的要求而研制的。当时要求是能全天候导引飞机,能远距离工作(离发射台 926 km),并且在一万多米的高空也能收到信号。首批布站 83 个,称作罗兰—A,主要在太平洋地区,覆盖了北大西洋、北太平洋、北海和墨西哥湾。两个站发射相同频率的信号,用户据此可确定自己的位置,精度可达到 2.8 km/926 km,12.9～13.7 km/2 222.4 km。战后美国海岸警卫队把它的应用扩展到海上导航。罗兰—A 由于其台站的过时和维持费用的增加,在 1980 年退出使用,在改善精度的基础上研制了罗兰—B,罗兰—B 使用 3 个台发射相同的频率信号,本想为港口和海湾提供精密导航,由于技术上的原因阻碍了其发展,1958 年,罗兰—C 投入使用。罗兰—C 是一种远距离(大于 1 850 km)、低频(100 kHz)的双曲线无线电导航系统,它使用两个同步发射器信号到达的时间差来定位。较低的频率允许地波沿地球表面曲面传播较远的距离,多脉冲允许接收机把天波与地波区分开来。根据不同的几何条件、接收机测时精度及传播条件，罗兰—C 可以提供 100～200 m 的精度。在 60 年代中期，美国空军开始研制罗兰—D，它是 C 型的一种短距、战术型的版本，作用距离限制在 1 100 km。

1.2.5 奥米伽

奥米伽(Omega)是一种远距、全球、全天候、昼夜工作的无线电导航系统。奥米伽的概念在 40 年代后期由 Pierce 教授提出。它由 8 个发射台网组成，工作在甚低频段。用户应至少收到 3 个台站的信号，作用距离为 14 816 km。8 个台以精确的时间和间隔发射信号，因此采用了铯钟作发射台同步。

奥米伽用户有商用航线，船只和陆地车辆，与罗兰一样，也是一种双曲线、甚低频导航系统。由于奥米伽工作在 10～14 kHz，可认为传播是在地球和电离层形成的球波导内进行。

导航信息以伪距(伪相位)的形式由至少 3 个台获得。接收到的两个信号的相位差关系定义一个位置线，两个或多个位置线定义了接收机位置，其定位精度白天 1.85～3.70 km；夜间 3.70～7.40 km。另外，还与用户的几何位置，所用的台，传播修正精度，日或夜，接收机性能等有关。对奥米伽精度的改进的一种方法是差分模式，其基本原理与后面将要介绍的 GPS 差分相同，能消除相关误差。

奥米伽系统是一种相对精确的远距导航系统，它可单独使用，也可作为其他导航辅助手段，在军用和商用航线上许多飞机都采用。由于差分奥米伽更高的精度，它在飞机终端和进近导航，船只的海岸和港口导航，军事应用如空中加油、精确投放等方面得到广泛应用。

1.2.6 夫尔

夫尔(VOR — Very - High - Frequency Omnidirectional

Ranging)，甚高频全向测距，是一种地基无线电系统，像塔康一样能提供方位测量。标准的夫尔可提供与塔康相同的精度，改进型更高，达到±0.4°。夫尔工作在108～117.95 MHz频段，其功率输出足以覆盖指定的服务区域。正常情况下，夫尔包括发射机、天线、测向仪、监控器和地面自动校准天线。夫尔的波长大约是塔康的10倍，在美国和国际民航组织成员国，它是标准的近距导航辅助设施。

1.2.7 测距仪

测距仪(DME — Distance Measurement Equipment)是目前能实时更新机载惯导系统最精确的方法。该系统测量飞机到许多地面固定已知点的距离，采用多边形方法精确解出飞机相对地面点的位置。DME测距链由合作性的询问器－应答机对组成，这种多边形DME系统与人造卫星类似，也受“几何精度因子”(GDOP)限制。当把测距能力加到夫尔上时，就称作VOR/DME，这种组合是世界上许多国家民航飞机的基本导航模式。VOR/DME能够在飞机上确定该机相对某固定地面站北向的方位和对该站的斜距，特别是，它包括了基本的径向导航，即飞机可直接飞向或飞离地标。当与INS一起使用时，VOR/DME信息可被用来更新惯导系统。VOR/DME系统导出的位置信息精度取决于飞机与VOR/DME的相对位置，以及所用的VOR和DME台站的数量。

1.2.8 VORTAC

把夫尔与塔康配置在一起就组成了VORTAC地标系统，它是一种工作在L频段的地基无线电导航系统，能够向用户提供距离/方位信息。FAA操作和维护的整个国家空域系统中有大约1 200个VORTAC台站，包括VOR，DME，TACAN，DVOR，为整个美国大陆、阿拉斯加、夏威夷及其他美国领土的民用和军用飞机提供导航服务。但是,它们只能提供相对于台站的距离和方位,没有垂向位置信息和速度信息。

1.2.9 联合战术信息分布系统

联合战术信息分布系统(JTIDS—Joint Tactical Information Distribution System)是三军通用的能提供通信、导航和识别组合能力的系统,它是为能在部队的各分散的和移动组织之间实时传递保密的、灵活的反干扰数据和话音而研制的。特别是,JTIDS 具有高容量、同步、时分多址、扩频、组合通信能力,并且具有相对于网中其他终端的高精度相对导航的固有能力。JTIDS 信息以每秒几千字节的速率全向广播,作用范围内的任何终端都可接收到。

JTIDS 设备终端处理器中的相对导航处理软件主要模块为:卡尔曼滤波器、信息源选择及航位推算数据处理器。所有用户根据 JTIDS 信息的到达时间(TOA),连续更新自己在相对网格中的位置和速度估计值,TOA 是从其他用户接收到的位置和状态报告。在大多数应用场合,应用由惯性平台、多普勒雷达、空速系统和航姿系统提供的航位推算数据对两个滤波器更新之间的 TOA 导出数据进行插值。

JTIDS 向它的整个系统发布导航数据,向其成员提供基本一致的位置信息。这种一致性不仅表现在每个成员的位置上,而且表现在系统中所有数据来自机上传感器。该系统能获得由多个平台和测站导出的传感器数据所求出的精确火控解。

考察一个简化的模型,它由 n 个用户组成一个网络,采用 JTIDS 的 TOA(到达时间)测量和往返时间传播测量进行水平面导航。结果,网中的一个成员当接收到另一成员广播的 JTIDS 信号时,通过从接收的时间减去信息广播的时间来构造 TOA 测量量,这就产生了两个成员之间的距离测量,然而钟相位误差包含在其中，就像GPS的伪距一样。

1.2.10 目视飞越

目视飞越(Visual Flyover)位置更新通常用在飞行实验和惯性系统性能的评价，低空飞行(76.2 m)时，精度可达到30.48 m，并随高度增加而下降。Flyover(也称操作员介入的位置更新)要求飞行员在一已知地标上空机动，同时导航仪使系统更新。飞机的真实经度、纬度和高度可由实验场距离支持系统来记录，该系统可能包括了由雷达、摄影机及其他跟踪系统组成的时空位置信息。

1.2.11 前向红外

前向红外(FLIR—Forward - Looking Infrared)传感器，也称为红外检测装置(IDS—Infrared Detection Set)，可为飞行员提供对指定目标的方位和高低角。当把FLIR用做位置更新时，通常是把FLIR用来对具有已知位置的红外目标定位。FLIR/BARO和FLIR/RALT模式分别可以提供更为精确的气压高度和雷达高度测距信息。典型情况下，FLIR位置更新模式的精度为，在方位和仰角两个方向上均达到3 mrad(RMS)，并且精度随仰角的下降而增加。方位角误差和俯仰角误差由这样一些误差组成：视线误对准，INS高度，视线对平台误对准的万向环读数及操作员目标光标位置精度等。当进行误差分析时，飞机结构上由INS到FLIR安装处弯曲所产生的误差也要考虑。

1.2.12 地形匹配

地形匹配(TERCOM—Terrain Contour Matching)是确定飞行器相对它飞过的地带的地理位置的一门技术。描述定位区相对高程的参考地形高程源数据储存在飞行器的导航计算机里，这些数据以数字式高程数水平排到的短阵形式储存，于是，给定的一组这些数描述了一段地形的轮廓。当飞行器飞越这个矩阵区时，就得到了描述飞行器下方实际地形轮廓的数据，它是雷达高度表和气压高度表以某种特定采样间隔输出的结合，然而再与储存的矩阵轮廓进行对比，以提供定位结果。应该注意到，这种导航系统要求很大的计算机储存量来存放将要飞越的航路的数字地图，并要与雷达产生的地形相匹配。

图 1－1 是地形匹配基本原理框图，利用地形匹配确定飞行器位置的过程基本上由三步组成。

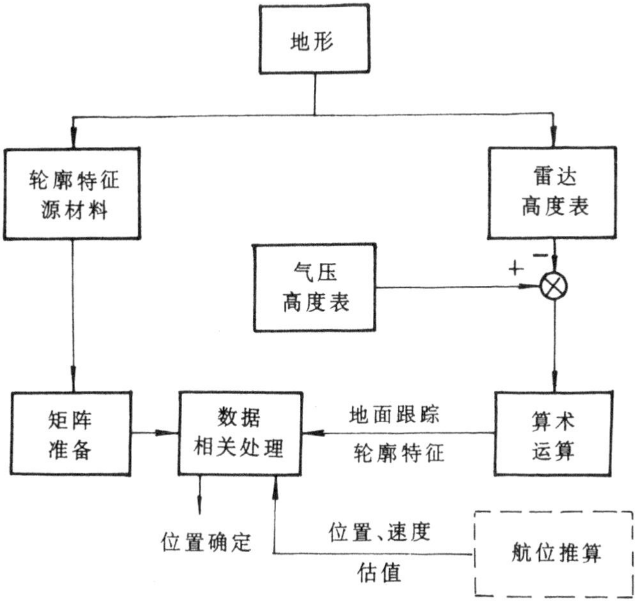

图 1－1　TERCOM 原理框图

（1）数据准备：选择一个足够大的定位区域以容纳沿轨迹方向和正交于轨迹方向导航出现的不确定性，获取包含地形信息的源材料，把地形高程数据数字化为适应预置航迹的网格矩阵。

(2) 数据获得：对飞行器飞行正下方地形采样，其间隔应等于参考地图网格大小。

(3) 数据相关处理：用参考矩阵的每一列对地形高程数据进行相关处理，用与地形高程具有最大相关性的列，对应飞行器飞过的正下方的数据。如果导航误差为零，那么匹配的列应是地图的中心列，因为这就是导航系统所引导的那个地面轨迹。

正如图1-1所示，地形匹配系统利用气压高度表和雷达高度表的测量构造了一个地形的轮廓，与飞行器的地面轨迹重合。测量的地形轮廓与飞行器正在飞越地区对应的预先储存的参考地形轮廓进行比较。一旦找到一个匹配点，导航系统就用匹配的参考轮廓的地理坐标更新飞行器的导航位置。地形匹配的地图可以被分类为着陆、航路、中途或终端，这些图在长度、宽度和尺寸方面是不同的。

但是，总有这样的可能性，地形匹配系统在一个参考矩阵中定的位而飞行器实际上并不飞过它。误定位的概率随着地形在参考矩阵中的单值性的下降而上升。

通常有三个参数被用来描述地形匹配有关的地形。

(1) σ_T：地形高程中点到点变化的标准偏差，即

$$\sigma_T = \left[\frac{1}{N}\sum_{i=1}^{N}(H_i - \overline{H})^2\right]^{\frac{1}{2}}$$

$$\overline{H} = \frac{1}{N}\sum_{i=1}^{N}H_i$$

(2) σ_Z：地形起伏的直接表示，即

$$\sigma_Z = \left[\frac{1}{N-1}\sum_{i=1}^{N-1}(D_i - \overline{D})^2\right]^{\frac{1}{2}}$$

式中

$$D_i = |H_i - H_{i+1}|$$

$$\overline{D} = \frac{1}{N-1}\sum_{i=1}^{N-1} D_i$$

(3) X_T:联系 σ_T 和 σ_Z 的一个参数,其关系式为

$$\sigma_Z^2 = 2\sigma_T^2\left[1 - \exp\left(\frac{-d}{X_T}\right)^2\right]$$

式中 d 为高程采样之间的距离,假定了高斯地形自相关函数;相关长度 X_T 表示了这样的地形高程矩阵的行或列之间相隔的距离,它能把这些矩阵的行或列的正则自相关函数简化到 e^{-1}。因此通常假定,由大于 X_T 的距离相隔的平行的地形高程轮廓是相互独立的。

目前有许多不同复杂程度和不同精度的自相关算法,它们都可用来对测量数据和参考数据进行相关处理。这些算法包括:平均绝对差(MAD)、均方差(MSD)、正则 MSD 和正则 MAD。其中,MAD 算法能够提供精度和计算效率的最佳结合,实时地完成机载数字或计算机环境下的地形匹配。

地形匹配系统的误差源通常来自于高度测量中直接产生的垂直误差和诱导垂直误差的水平误差。

在地形匹配基础上改型而来的其他位置更新导航技术还有:数字景像匹配区域相关技术(Digital Scene Matching Area Correlation)、无线电区域相关技术(Radiometric Area Correlation)、地形剖面匹配(Terrain Profile Matching)及微波无线电表(Microwave Radiometer)。

总括来讲,地形匹配定位系统是一种可用于无人机、飞机的地形跟随/地形回避和巡航导弹类的自主式精密导航制导系统,在电子对抗环境下、昼夜、全天候及低/高高度都可很好地工作。

1.2.13 星跟踪

星跟踪(Star Sightings or Star Tracking)是一种天文导航,常被用来对 INS 进行修正。天文导航系统的关键是星跟踪器,它包

括光学望远镜，用来收集从所跟踪的星发出的电磁能量；一个光电传感器，把电磁能转换成电信号；信号检测和处理的有关电子设备以及用于对视野中天文星体定位和望远镜定位的扫描伺服机构。星跟踪器可用于方位修正和位置确定。方位修正是基于太阳和星相对于正北的已知关系，通过对所选天文星体的适当观测导出载体的真航向。另一方面，位置的确定是利用了星与地球上一给定点在特定时间的已知关系，观测两颗或更多星并进行处理，可以定出观测者在地球表面的位置。

星跟踪可与其他电子系统组合使用，例如多普勒雷达，地面图像雷达，GPS，塔康及高度表等。

1.3 GPS的发展和系统组成

全球定位系统(GPS)，其全称为定时和测距的导航卫星(Navstar—Navigation System Timing and Ranging)，意为用来授时和测距的导航系统。GPS由美国国防部研制和发展，1973年开始方案论证、仿真试验、系统试验和设备研制，历时23年，耗资130亿美元，1978年2月22日成功地发射了第一颗GPS试验卫星。原计划整个系统应于1987年完成，由于经费等原因，将计划推迟了6年左右。

原计划由3条倾角为63°圆轨道上的24颗卫星组成，在经费缩减下曾将计划改变为6条轨道18颗卫星组成，由于不能提供满意覆盖，1986年又改为21颗卫星的优化星座组合，但最后在1993年采用了6条倾角为55°圆轨道上的24颗卫星组成的实用星座，此外尚留有有源在轨备用卫星1～4颗。

GPS系统包括3个子系统，即空间部分——各轨道卫星；地面部分——运行控制系统；用户部分——用户接收机。

1.3.1 空间部分

GPS 卫星上除了控制卫星自身工作的遥测、跟踪、指令系统用于轨道调整与姿态稳定的推进系统等组成外，主要是提供导航信号的无线电收发机、天线、原子钟和计算机，其供电系统由两块 7 m^2 的太阳能帆板组成。铯原子钟具有 1×10^{-14}日稳定度作为系统时间标准。卫星离地高度约 20 230 km，绕地球旋转周期为 12 h，即每天绕地两周。

GPS 卫星分 Block－Ⅰ和 Block－Ⅱ两类，1978—1985 年总共发射了 11 颗 Block－Ⅰ卫星，轨道倾角 63°，卫星高度 20 183 km。卫星本体直径 1.5 m，为三轴稳定型，太阳能帆板面积 5 m^2，供电功率 580～410 W，卫星重量 774 kg，设计寿命 4.5 年，其中除 1981 年一次发射失败外，其余都成功发射，平均实际使用寿命 7.5 年。

从 Block－Ⅱ卫星开始其轨道倾角为 55°，发射信号加密，星上存储数据及自治工作能力两星期。太阳能帆板面积 7.2 m^2，每颗卫星重量 885 kg，设计寿命增至 7.5 年，1989—1990 年间共发射了 9 颗。Block－ⅡA 卫星更进一步，每颗卫星重量 1 500 kg，设有星上通信能力，星上带有反光镜，有利于地面激光跟踪，于 1990—1994 年间共发射了 15 颗。卫星离地高度调整为 20 230 km。

新一代 GPS 卫星为 Block－ⅡR 替补卫星，采用先进的星上原子钟——氢钟，具有 1×10^{-15}日稳定度，提高了星间数据链通信能力，太阳能帆板面积增至 13.4 m^2，供电功率 1 136 W，加强了轨道调整能力和具有 6 个月的自治工作能力。此外在军事上提高抗核辐射和抗激光辐射能力，并采用新设计天线提高抗干扰能力。每颗卫星重量增至 2 000 kg，但成本反而降低了，计划生产 21 颗，目前正建造中，首颗于 1996 年初发射。下一代 GPS 新星 Block－Ⅱ

F后继卫星，增加了星上惯性基准设备，并建议在此卫星上增加发射民用第二频率，以利于电离层延时估测，提高民用精度。ⅡF卫星仍在设计阶段，尚未定型，计划订购33颗，首颗将于2001年发射（见表1-1）。

表1-1 GPS卫星发射历史和更替计划

批号	该批卫星数目	首颗发射时间	末颗发射时间	备注
Ⅰ	11	1978年	1985年	1颗发射失败
Ⅱ	9	1989年	1990年	
ⅡA	15	1990年	1994年	
总计	发射35颗，先后16年时间建成满星座 （有效34颗，失败1颗）			
ⅡR	21	1996年	2003年	
ⅡF	6+45	2001年	2010年	6颗近期计划 45颗远期计划

GPS星座于1993年12月8日宣布达到初始运行能力（IOC），1994年3月10日发射的第24颗轨道卫星，于4月18日开始播发正常信号，成为满星座（24颗卫星）工作。1995年4月27日宣布达到全运行能力（FOC）。

GPS卫星上发射的信号工作在两个载波L_1和L_2频率上，即$f_1=1\ 575.42$ MHz；$f_2=1\ 227.60$ MHz。卫星识别码和携带星历、星钟参数的导航电文都调制在这两个频率上。

提供民用的粗捕获码（CA码）也称标准定位服务（SPS），只调制在L_1频率上。提供军用的精密码（P码）也称精密定位服务（PPS），同时调制在L_1和L_2两个频率上。使用两个频率时，可以测定电离层延时误差，提高测量精度。

GPS 的星历数据和用户定位数据都采用全球测地坐标(WGS84)系统。将地球定义为一个椭球,所有位置数据都对应于以地球质心为原点的地心地固坐标(ECEF)的 X,Y,Z 值,也能转换为地理位置的纬度 φ、经度 λ 和高度 H 值。国际民航组织已批准采纳 WGS84 作为航空用的国际标准。WGS84 坐标制是由美国国防测绘局从 WGS72 坐标制改进而来,其椭球和地球实体的吻合较好,它采纳国际测地协会(IAG)1980 年推荐的测地基准系统(GRS80)的椭球为基准,精度较高。目前世界上每个国家都有自己的地方坐标系统,在地方坐标系统极不统一的情况下,有必要对全球飞行采用统一坐标。

1.3.2 地面部分

运行控制系统(OCS),由一个主控站、5 个监测站和 3 个地面控制站组成。运行控制部分的主要任务是跟踪所有卫星,进行轨道测定和星钟测定,预测修正模型参数,星钟同步及向卫星上行注入数据、电文和发送指令。降精度的选择可用性(SA)控制也由 OCS 完成。从 1991 年 7 月开始,首先继续进行 SA 的试验和接通,后来所有的 Block－Ⅱ 卫星全部处于 SA 接通状态。

1. 主控站

主控站负责对卫星的控制和整个系统的工作。早期主控站位于加州的范登堡空军基地,后来迁往科罗拉多州的法尔肯空军基地。主控站从各监测站收集跟踪数据,计算卫星轨道和星钟参数,然后将结果送到地面控制站,以便最终向卫星发送指令和数据。

2. 监测站

监测站负责对视见卫星监测采集数据。5 个监测站分别设在:科罗拉多州的斯普林斯、夏威夷、南大西洋的阿森松岛、印度洋的迭戈加西亚岛和北太平洋马绍尔群岛的夸贾林环礁。

每个监测站配有精密铯钟和精密接收机,对所有视见卫星进行跟踪测定伪距，采集电离层和对流层电波传播延时数据，分别按规定的采样间隔测定算出后发送给主控站。

3. 地面控制站

地面控制站负责向卫星上行发送信息，故也称为地面天线(GA)。分别设在阿森松、迭戈加西亚和夸贾林三个岛上，和监测站共址。主要为无线电收发机和天线。由主控站传来的各卫星星历数据和星钟参数通过S波段射频链路向各视见卫星作上行注入。以前每天进行3次上行注入，目前每天注入1～2次。由于卫星上预存导航信息，可以自主地维持一段时间，但导航精度将随时间降低。

1.3.3 用户接收机

用户接收机分民用CA码接收机和军用P码接收机，并且还分静态精密测量型和实时动态测量型，民航只能采用CA码实时动态测量型接收机。按信号接收和处理原理，一般分为CA码伪距接收机和CA码载波相位接收机。通常都用CA码伪距接收机，载波相位接收机在动态情况下容易产生整周模糊，因而无计算数据输出。载波相位的高动态实时跟踪技术(RTK)尚在进一步发展和完善中。

GPS用户接收机的发展和更新换代很快，机型繁多，民用接收机发展速度超过军用，用户数目的增长速度也超过军用。民间用于测量和车船管理、调度上已成大用户，而航空仅是小用户。将来最大发展将用于私人轿车和公路系统。其袖珍式手持机价格已降至400～200美元，对徒步旅游、登山和游艇乘客均能适用。目前正在发展的以GPS定位为主体的地理信息系统(GIS)将大有前途。1990—2000年GPS用户增长的预测见表1-2。

航空接收机有其特殊要求，即高动态、数据更新率快、环境要求苛刻，此外必须采取平行多通道形式，并能够提供接收机自治完好性监测(RAIM)或卫星故障检测隔离(FDI)能力。

表 1-2 GPS 主要移动用户增长的预测

用 户	1990 年	2000 年
民 航	500	7 万
陆 上	2 500	15 万
海 上	4 000	25 万
军 用	2 500	3 万
总 计	9 500	50 万

GPS 用户接收机目前有上百家厂商生产，品种约数百种，其民品价格约为：

测量型	2 万～3.5 万美元/台
客机用的航空型	1 万～3 万美元/台
通用航空飞机用的航空型	2 000～5 000 美元/台
海上型	1 000～5 000 美元/台
OEM 板	400～2 500 美元/台
手持型	200～1 000 美元/台

1.4 GPS 应用综述

1.4.1 在民用航空中的应用

民用航空是卫星导航的最重要的民用用户，在民航各方面的应用研究和试验几乎与卫星导航系统本身的发展在同步进行着。美国联邦航空局(FAA)1992 年公布的卫星导航计划中明确表示："支持所有民航需要的海洋、航路、终端、非精密进场、精密进场、自动着陆、离场和机场表面导航的运行使用，开发和试验各种卫星导航技术与增强技术的可行性，同时支持和制定运行程序与标准去满足所有飞行阶段的要求”。国际民航组织(I—CAO)未来航行系统(FANS)委员会已确定了卫星导航系统的地位，并制定了分阶段实施的目标和任务，卫星导航系统将作为海洋航路、大陆航路和终端的单一导航手段，其增强的系统或组合系统也将作为机场表面引导和精密进场的手段，并逐步撤离其他陆基无线电导航设施。欧洲一些政府和研究机构则准备对GPS系统和精度进行测试，目标是建立一个21世纪的全球导航卫星系统，用于取代微波着陆系统。日本政府也加入了这个行列。

卫星导航的全球、全时、全天候、精密、实时、近于连续的特点，使它具有其他系统无法比拟的优点，并且改变了传统的概念和方式。它可对民航飞机提供导航—着陆一体化服务，从地面到高空的一体化服务。用于航路导航，作为空中交通管制的一部分，可以改变航路上交通拥挤状况，改善高度分层，对飞机全程监视。用于进场着陆，不仅着陆设备简单，还可实现可变下滑道，曲线进场，多跑道同时工作。用于机场场面监控，可代替场面雷达管理各种机动车辆和飞机。

国外用于航空导航的设备已经成熟，并且已在包括波音—747这样的大飞机上进行了多次试验，GPS组合系统用于进场着陆的首飞也早在1989年就已完成。我国通用飞机用GPS导航已有多年的历史；原航空工业部某研究所的GPS/惯导组合进行了试飞；某研究所试飞院和某高等学校共同完成的GPS着陆工程第一阶段也通过了部级鉴定。这表明国内的应用在技术上正在达到成熟。

1.4.2 在航天中的应用

卫星定位系统是航天飞机最理想的制导、导航系统。它能提供航天飞机的位置、速度和姿态参数，可以为航天飞机的起飞、在轨运行、再入过程及进场着陆连续服务。美国已在这方面作过多次试验。航天飞机是载人的再入式航天器,其导航系统要求有很高的精度和可靠性,因此,需要多余度的惯性测量装置、多余度的塔康系统、多余度的微波着陆系统、雷达高度表、大气数据机、星光跟踪器和乘员光学观测器等,进行多余度复合及组合工作。采用GPS后,可以大大简化原有系统。美国航天飞机“亚特兰大”号已正式安装了两套GPS。卫星定位还可用于低轨卫星和空间站的定轨,用差分GPS完成飞船的交会和对接,其优点为:

(1) 减少和简化地球观测站,降低费用。

(2) 近乎实时地作轨道修正,消除星地间信息往返延迟,省去地面数据处理,提高卫星工作效率。

(3) 减少传统测控系统的种种误差,例如,电波传播误差,地球自转、极移、重力场、测站位置等。

(4) GPS卫星轨道高,对中、低轨用户观测几何关系好,跟踪时间长。

1982年以来,美国曾在Landsat－4,Landsat－5航天飞机以及海军的两颗军用卫星上试飞了一种两通道“GPSPAC”接收机,定位精度达到5～10 m,测速精度达到2～5 cm/s。1998年日本在其“工程试验卫星七号”上用GPS及其他设备成功地进行了交会对接试验。国际空间站已选定GPS为其导航、制导子系统之一。目前还在研究用于卫星定轨的双差分GPS、干涉仪法和GPS/INS/星光组合导航等。这些努力不仅可以提高定轨精度,而且可以用于各种卫星,从中、低轨用户到静止轨道的用户,并更多地用于低成本的小卫星。

我国对GPS在航天领域的应用的跟踪研究从80年代初就已开始,主要活动集中在航天研究院和几所航空、航天院校,包括方案探讨、算法研究、仿真及硬件设备的改进等工作。可以肯定,利用国内外现有设备对航天器制导、定轨及测控等,可以获得其他设备无法达到的精度和方便程度。

1.4.3 在航海和海洋工程中的应用

海洋是卫星导航系统最有应用前景的领域之一。在军事上，除了对各类舰艇导航以外，还可完成海上巡逻、舰队调动与会合，海上军事演习和协同作战，武器发射，航空母舰的导航和对舰载飞机的导引等。在民用方面，可以进行船只定位、海洋测量、石油勘探、海洋捕鱼、浮标设立、管道铺设、浅滩测量、暗礁定位、海港领航和水上交通管理等。

GPS 在航海方面拥有最早，也是目前最多的用户，从 1980 年以来，美、日、英、德、法等国就已进行了大量试验，估计目前已有 10 万艘船舶靠 GPS 导航，而且该市场还在急剧扩大。我国沿海渔民也有上万台 GPS 接收机在工作。国际海事组织安全委会员会成立了“特别工作小组”，1984 年以来已召开多次会议，评价 GPS 系统的应用。在航海方面，还没有比 GPS 更先进的系统，因此，其开发和应用受到了极大重视，除了一般应用外，GPS 的各种精密定位方法将用于港口船舶监控，狭窄航道的船舶导航，海洋地球物理勘探，海上平台定位，航标、浮标的设立以及与声纳系统一起为水下物体定位。

1.4.4 在大地测量中的应用

利用卫星定位在一个点上长时间观测或多点联测或加事后处理，可以达到厘米级的观测精度，因而为研究地球动力学、地壳运动、地球自转和极移、大地测量和地震监测等提供了新的观测手段。在这里，用到一些特殊的处理方法，如卫星源射电干涉法、多次差分法、载波相位观测、双频接收机、平滑与滤波技术等，为大地测量，特别是公路、铁路、桥梁等设计施工提供了准确而又简便的手段。

GPS 在我国大地测量方面的应用最为广泛和成熟，不仅进行了大量试验,还建成了全国测控网。在这方面,中国科学院某研究所,解放军某测绘学院、研究所和某测绘大学等进行了大量工作。例如,中科院某研究所的报告中介绍,1989 年引入美国 Ashtech 接收机后完成了长江三峡库区 GPS 形变监测网的建立,用 GPS 确定区域大地水准面的起伏,某市城市控制网的测量等。陕西省某航测大队已利用 GPS 进行了陕西、山东某地的航测。GPS 为大地测量带来了巨大的变革,它已成为主要的测量手段。利用 GPS 监测地震,已在美国、日本、加拿大等国进行了实验和应用。我国此项工作也已开始并取得了可喜的成绩。国家地震局某地形变监测中心在华北地区(东经 107°～122°,北纬 33.5°～42°)东西长 1 400 km,南北宽 400～800 km,跨越内蒙、山西、河北、北京、天津、辽宁、山东、江苏, 约 70×10^4 的区域内,布置了 42 个观测点,用 Ashtech－MDX 型双频 GPS 接收机,用长时段和多时段昼夜连续观测,较好地消除了气象因素变化和卫星星座变化的系统误差,取得了高精度的观测结果。1990 年夏末四川雅安地区和 1988 年云南西部的地震,利用 GPS 观测取得了令人满意的结果。

1.4.5　在陆地导航中的应用

陆地导航对卫星系统的要求最低,低动态、单或双通道接收机时序处理即可,两维定位,甚至是一维(如列车,具有固定的轨迹),只需 2～3 颗工作卫星,因而对卫星系统的完善性要求低,可利用地标、地形随时修正,可利用航位推算和速度计附加信息等。近几年随 GPS 接收机价格下降,GPS 的陆地用户大幅度增加。陆地导航将是卫星系统最多的用户。

陆地导航应用在如下方面:

(1) 汽车定位,配以电子数字地图,可给驾驶员提供各种道路、服务网点、安全系统等的位置。

(2) 行业车辆管理,如出租车、银行、公安、交通、急救、消防等，即为单车定位，又为指挥管理部门提供车辆运行信息。

(3) 列车监控，利用 GPS 对列车统一调度和交通管理，可保证安全，增加车流量。

(4) 野外作业，如沙漠、深山、森林等陌生地带对车辆和人员导航。

(5) 陆军移动定位，如车辆、坦克、装甲车、火炮、野战部队等。

陆地导航也是GPS 进行的最早的定位试验。美国洛克威尔公司采用 NAVCORE1 型单通道接收机在其试验场，以及由弗拉德伍德到甘恩，再到凯利湖的铁路上、农村的公路上进行了定位试验。试验场地有建筑物、树林、桥梁、地道、城市街区等，环境比较恶劣。1984 年美国得克萨斯仪器公司的 TI4100 多路复用 GPS 接收机和西门子公司的陆上车辆用航位推测系统，在西德慕尼黑进行了汽车定位试验。试验证明完全可行。最近几年，我国的新闻媒介已陆续报道了美、英、法、日、德用 GPS 为小汽车定位的消息；西北工业大学完成的“GPS/数字地图”原理样机也已被试验证明可用于各种行业的车辆管理。

GPS 用于车辆定位具有非常好的前景。但是一些具体技术问题仍需解决，例如城市的电磁干扰、信号反射、楼房遮挡、树木对信号的衰减，以及接收机的价格等。

1.4.6 在军事上的应用

目前主要的卫星导航系统如 GPS 和 GLONASS 都是军方的产物。例如，GPS 是美国国防部内影响最深远的计划之一，它可能对战略战术产生革新影响。而民用只是其“附产品”。GPS 从它的孕育到整 个发展过程都是为军方服务的，伴随着由单兵定位到核爆探测的庞大的军事开发计划，已取得了令人震惊的结果。

GPS 在还未完成系统布置的情况下就已用于实战了。在海湾战争中，双方都使用了 GPS。伊拉克曾用于“飞毛腿”导弹的移动发射架定位。多国部队除了在各种车辆、特种部队和野战军的连以上单位配有 GPS 接收机外，在攻击机、轰炸机、战斗机、预警机、指挥机、反潜机、电子战飞机、直升机和加油机约 20 多种机型上使用了 GPS。在这期间美国军方紧急征购了 5.7 万台 GPS 接收机，其中包括 400 余台 AN/WRN－6(V)接收机用于航空母舰和潜艇。

空间防务一直是美国军方最为关注的问题。建立在一定的时间范围内对空间飞行器测控的基础上的“星球大战”计划，曾计划利用 GPS 作为空间拦截器“时空位置信息”系统。GPS 能为战场管理、C^3I 系统以及共用时分多址系统提供准确的坐标。

导弹和运载火箭的弹道测量和靶场监测是美国军方 GPS 系统设计功能之一，1980 年以来已进行了多次试验，并已研制了多种型号的弹载 GPS 接收机，如得克萨斯仪器公司的 MBRS 和 AMR 弹载接收机计划配置在民兵式导弹上。GPS 用于巡航导弹可以代替地形匹配系统。

GPS 用于弹道测量和靶场监测，其原理简单，使用方便，精度高，受气象环境影响小，设备、人员省，数据处理速度快，特别对于远程弹可连续全程监测，并可提供方位信息和时间同步信息，这是其他系统无法比拟的。

第二章　参考系和卫星轨道

空间和时间的参考系及卫星轨道是描述卫星运动、处理导航定位数据、表示飞行器运动状态的数学物理基础。在GPS定位导航中常会涉及多种坐标系。坐标系的适当选用在很大程度上取决于任务要求、完成过程的难易程度、计算机的存储量和运算速度、导航方程的复杂性等。一类常用坐标系是惯性坐标系，它是在空间固定的，与地球自转无关，对于描述各种飞行器的运动状态极为方便。严格说来，卫星及其他飞行器运动理论是根据牛顿引力定律，在惯性坐标系中建立起来的，而惯性坐标系统在空间的位置和方向应保持不变或仅作匀速直线运动。但是，实际上严格满足这一条件是困难的。在导航和制导中，惯性参考系一般都是通过观察星座近似定义的。另一类是与地球固连的坐标系，它对于描述飞行器相对于地球的定位和导航尤为方便。此外，还可能用到轨道坐标系、体轴系和游动方位系等。由于坐标轴的指向具有一定的选择性，常用“协议坐标系”是指在国际上通过协议来确定的某些全球性坐标轴指向。本章还将介绍GPS时间体系并引述经典的卫星轨道理论。

2.1　协议天球坐标系

2.1.1　天球的基本概念

所谓天球，是指以地球质心 M 为中心，半径 r 为任意长度的一个假想的球体。在天文学中，通常均把天体投影到天球的球面上，并利用球面坐标系统来表达或研究天体的位置及天体之间的关系。为了建立球面坐标系统，必须确定球面上的一些参考点、线、面和圈。在全球定位系统中，为描述卫星的位置也将涉及这些概念。对此，现按图 2－1 介绍如下。

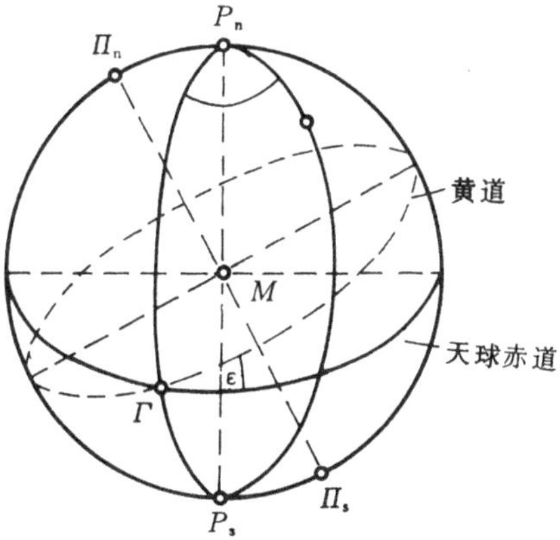

图 2－1　天球的概念

(1) 天轴与天极：地球自转轴的延伸直线为天轴；天轴与天球的交点 P_n 和 P_s 称为天极，其中 P_n 称为北天极，P_s 称为南天极。

(2) 天球赤道面与天球赤道：通过地球质心 M 与天轴垂直的平面，称为天球赤道面。这时天球赤道面与地球赤道面相重。该赤道面与天球相交的大圆，称为天球赤道。

(3) 天球子午面与子午圈：包含天轴并通过地球上任一点的平面，称为天球子午面。天球子午面与天球相交的大圆，称为天球子午圈。

(4) 时圈：通过天轴的平面与天球相交的半个大圆。

(5) 黄道：地球公转的轨道面与天球相交的大圆，即当地球绕太阳公转时，地球上的观测者所见到的，太阳在天球上运动的轨迹。黄道面与赤道面的夹角 ε，称为黄赤交角，约为 23.5°。

(6) 黄极：通过天球中心，且垂直于黄道面的直线与天球的交点。其中靠近北天极的交点 Π_n 称为北黄极，靠近南天极的交点 Π_s 为南黄极。

(7) 春分点：当太阳在黄道上从天球南半球向北半球运行时，黄道与天球赤道的交点 Γ。

在天文学和卫星大地测量学中，春分点和天球赤道面，是建立参考系的重要基准点和基准面。

2.1.2 天球坐标系

如图 2－2 所示，任一天体 s 的位置，在天球坐标系中，可用天球空间直角坐标系和天球球面坐标系两种形式来描述。

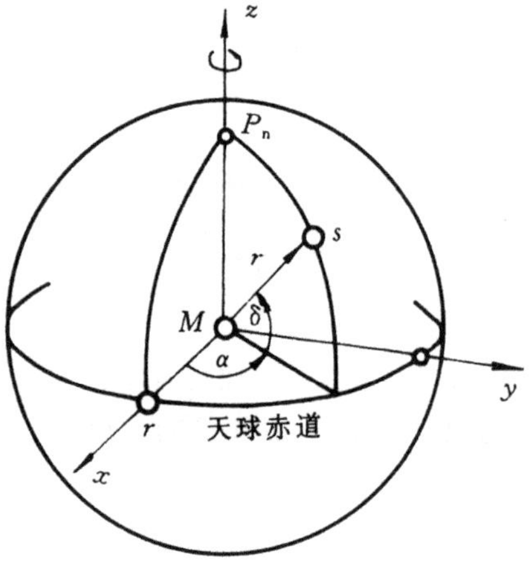

图 2－2 天球空间直角坐标系和天球球面坐标系

在天球空间直角坐标系中，天体 s 的坐标为 (x, y, z)。该系统的定义是：原点位于地球质心 M；z 轴指向天球北极 P_n；x 轴指向春分点 Γ；y 轴垂直于 xMz 平面，与 x 轴和 z 轴构成右手坐标系统。

在天球球面坐标系中，天体 s 的坐标为(α, δ, γ)。该系统的定义是：原点位于地球质心 M；赤经 α 为含天轴和春分点的天球子午面 与过天体 s 的天球子午面之间的夹角；赤纬 δ 为原点 M 至天体 s 的连线与天球赤道面之间的夹角；向量 $\boldsymbol{r}$ 长度为原点 M 至天体 s 的距离。各坐标值以图 2－2 中箭头所指方向为正。

由于在上述两种坐标系统中，表达同一天体的位置是等价的，故有下列转换关系：

$$\begin{bmatrix} x \\ y \\ z \end{bmatrix} = r \begin{bmatrix} \cos\delta & \cos\alpha \\ \cos\delta & \sin\alpha \\ \sin\delta & \end{bmatrix} \tag{2-1}$$

或

$$\left.\begin{aligned} r &= \sqrt{x^2 + y^2 + z^2} \\ \alpha &= \arctan \frac{y}{x} \\ \delta &= \arctan \frac{z}{\sqrt{x^2 + y^2}} \end{aligned}\right\} \tag{2-2}$$

在实践中，以上关于天球坐标系的两种表达形式，应用都很普遍。由于它们和地球的自转无关，所以对于描述天体或人造地球卫星的位置和状态尤为方便。

2.1.3　岁差与章动的影响

这里必须首先指出，上述坐标系统的建立，是基于假设地球为均质的球体，且没有其他天体摄动力影响的理想情况，即假定地球的自转轴在空间的方向是固定的，因而春分点在天球上的位置保持不变。但是，实际上地球的形体接近于一个赤道隆起的椭球体，因此，在日月引力和其他天体引力的作用下，当地球绕太阳运行时，自转轴的方向不再保持不变，从而使春分点在黄道上产生缓慢的西移，这种现象，在天文学中称为**岁差**。在岁差的影响下，地球自转轴在空间绕北黄极产生缓慢的旋转(从北天极上方观察为顺时针方向,以下同),因而使北天极以同样的方式在天球上绕北黄极产生旋转。

地球自转轴在空间的方向变化,主要是由日月引力共同作用的结果,其中又以月球的引力影响为最大。由于太阳远较月球距地球为远,所以其引力的影响,仅为月球影响的0.46倍。如果月球的引力及其运行的轨道都是固定不变的,同时忽略其他行星引力的微小影响,那么日月引力的影响,仅使北天极绕北黄极以顺时针方向缓慢地旋转,构成如图2-3所示的一个圆锥面。这时,在天球上北天极的轨迹近似地构成一个以北黄极 Π_n 为中心,以黄赤交角 ε 为半径的小圆。在这个小圆上,北天极每年西移约为50.371″,周期大约为25 800 a。

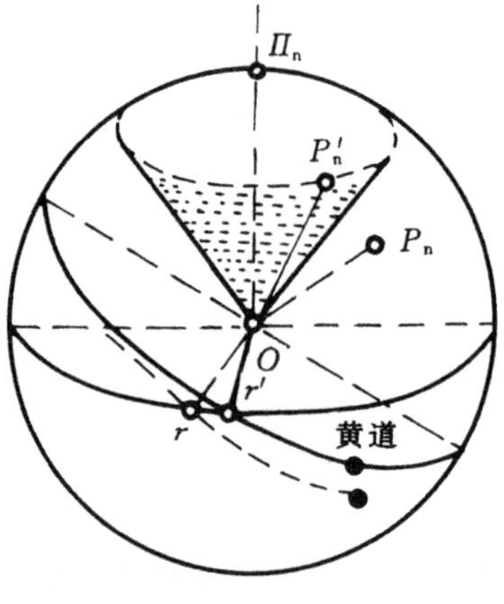

图2-3 岁差影响

在天球上,这种规律运动的北天极,通常称为瞬时平北天极(或简称为平北天极),而与之相应的天球赤道和春分点,称为瞬时天球平赤道和瞬时平春分点。但是,在太阳和其他行星引力的影响下，月球的运行轨道以及月地之间的距离，都是不断变化的，所以，北天极在天球上绕北黄极旋转的轨迹，实际上要复杂得多。如果把观测时的北天极称为瞬时北天极（或称真北天极），而与之相应的天球赤道和春分点，称为瞬时天球赤道和瞬时春分点（或称真天球赤道和真春分点），那么，在日月引力等因素的影响下，瞬时北天极将绕瞬时平北天极产生旋转，大致成椭圆形轨迹，其长半径约为 9.2″，周期约为 18.6 a（图 2 - 4）。这种现象称为**章动**。

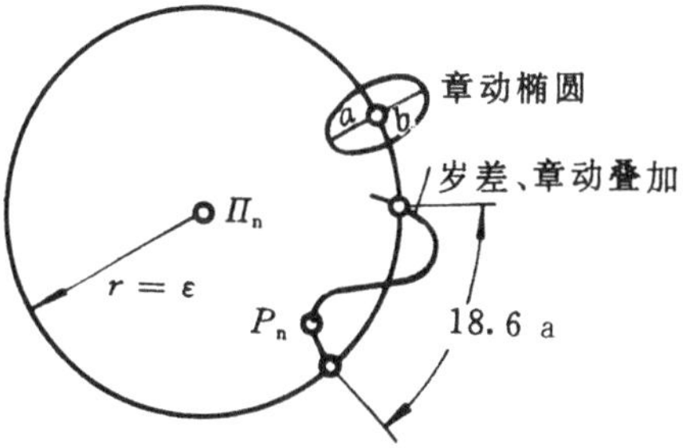

图 2 - 4　章动影响

因此，为了描述北天极在天球上的运动，通常均把这种复杂的运动分解为两种规律的运动，首先是平北天极绕北黄极的运动，这就是上面介绍的岁差现象；其次是瞬时北天极绕平北天极顺时针的转动，即章动现象。在岁差和章动的共同影响下，瞬时北天极绕北黄极旋转的轨迹，实际上如图 2 - 4 所示。

2.1.4　协议天球坐标系

由以上讨论可知，在岁差和章动的影响下，瞬时天球坐标系的坐标轴指向在不断地变化。在这种非惯性坐标系统中，不能直接根据牛顿力学定律来研究卫星的运动规律。为了建立一个与惯性坐标系相接近的坐标系，人们通常选择某一时刻 t_0 作为标准历元，并将此刻地球的瞬时自转轴(指向北极)和地心至瞬时春分点的方向,经该瞬时的岁差和章动改正后,分别作为 z 轴和 x 轴的指向。由此所构成的空固坐标系称为所取标准历元 t_0 的平天球坐标系,或协议天球坐标系,也称协议惯性坐标系(CIS—Conventional Inertial System)。天体的星历通常都是在该系统中表示的。国际大地测量学协会(IAG)和国际天文学联合会(IAU—International Astronomical Union)决定,从1984年1月1日后启用的协议天球坐标系,其坐标轴的指向,是以2000年1月15日太阳系质心力学时为标准历元(标以J2000.0)的赤道和春分点所定义。

为了将协议天球坐标系的卫星坐标转换到观测历元 t 的瞬时天球坐标系,通常可分为两步,即首先将协议天球坐标系中的坐标换算到观测瞬间的平天球坐标系统;然后再将瞬时平天球坐标系的坐标,转换到瞬时天球坐标系统。

1. 将协议天球坐标系转换为瞬时平天球坐标系

根据定义,协议天球坐标系与瞬时平天球坐标系的差别,仅在于由岁差引起的坐标轴指向不同。所以,为了进行上述转换,只需将协议天球坐标系的坐标轴加以旋转。如果取 $(x \quad y \quad z)_{CIS}$ 和 $(x \quad y \quad z)_{Mt}$ 分别表示协议天球坐标系和瞬时平天球坐标系,则其间关系为

$$\begin{bmatrix} x \\ y \\ z \end{bmatrix}_{Mt} = \boldsymbol{M} \begin{bmatrix} x \\ y \\ z \end{bmatrix}_{CIS} \tag{2-3}$$

$$\boldsymbol{M} = \boldsymbol{R}_3(-\xi)\boldsymbol{R}_2(\eta)\boldsymbol{R}_3(-\zeta)$$

$$\boldsymbol{R}_3(-\xi) = \begin{bmatrix} \cos\xi & -\sin\xi & 0 \\ \sin\xi & \cos\xi & 0 \\ 0 & 0 & 1 \end{bmatrix}$$

$$R_2(\eta)=\begin{bmatrix}\cos\eta & 0 & -\sin\eta\\ 0 & 1 & 0\\ \sin\eta & 0 & \cos\eta\end{bmatrix}$$

$$R_3(-\zeta)=\begin{bmatrix}\cos\zeta & -\sin\zeta & 0\\ \sin\zeta & \cos\zeta & 0\\ 0 & 0 & 1\end{bmatrix}$$

式中 ξ,η,ζ 分别为与岁差有关的三个旋转角，其表达形式为

$$\zeta = 0.640\,616\,1°T + 0.000\,083\,9°T^2 + 0.000\,005\,0°T^3$$

$$\xi = 0.640\,616\,1°T + 0.000\,304\,1°T^2 + 0.000\,005\,1°T^3$$

$$\eta = 0.556\,753\,0°T - 0.000\,118\,5°T^2 - 0.000\,011\,6°T^3 \tag{2-4}$$

$T=(t-t_0)$ 是从标准历元 t_0 至观测历元 t 的儒略世纪数①。

2. 将瞬时平天球坐标系转换为瞬时天球坐标系

瞬时平天球坐标系与瞬时天球坐标系的区别，仍在于坐标轴的指向不同，其间的差别是由地球自转轴的章动现象引起的，因此，为了实现上述转换，还需将瞬时平天球坐标系进行旋转。如果取 $(x\quad y\quad z)_t$ 表示瞬时天球坐标系统，则它与瞬时平天球坐标系统之间的转换关系为

$$\begin{bmatrix}x\\ y\\ z\end{bmatrix}_t = N\begin{bmatrix}x\\ y\\ z\end{bmatrix}_{Mt} \tag{2-5}$$

$$N = R_1(-\varepsilon-\Delta\varepsilon)R_3(-\Delta\psi)R_1(\varepsilon)$$

$$R_1(-\varepsilon-\Delta\varepsilon)=\begin{bmatrix}1 & 0 & 0\\ 0 & \cos(\varepsilon+\Delta\varepsilon) & -\sin(\varepsilon+\Delta\varepsilon)\\ 0 & \sin(\varepsilon+\Delta\varepsilon) & \cos(\varepsilon+\Delta\varepsilon)\end{bmatrix}$$

① 儒略历是公元前罗马皇帝儒略·凯撒所实行的一种历法，故称儒略历。一个儒略世纪含有 36 525 个儒略日。儒略日是从公元前 4713 年儒略历 1 月 1 日格林威治平正午起算的连续天数。新标准历元 J2 000.0 相应的儒略日为 2 451 545.0。

$$
\boldsymbol{R}_3(-\Delta\psi)=\begin{bmatrix}\cos(\Delta\psi) & -\sin(\Delta\psi) & 0\\ \sin(\Delta\psi) & \cos(\Delta\psi) & 0\\ 0 & 0 & 1\end{bmatrix}
$$

$$
\boldsymbol{R}_1(\varepsilon)=\begin{bmatrix}1 & 0 & 0\\ 0 & \cos(\varepsilon) & \sin(\varepsilon)\\ 0 & -\sin(\varepsilon) & \cos(\varepsilon)\end{bmatrix}
$$

式中 ε，$\Delta\varepsilon$，$\Delta\psi$ 分别为黄赤交角、交角章动及黄经章动。

在地球自转轴章动现象的影响下，黄道与赤道的交角通常表达为

$$
\begin{aligned}\varepsilon = {} & 23°26'21.448'' - 46.815''T - \\ & 0.000\,59''T^2 + 0.001\,813''T^3\end{aligned} \tag{2-6}
$$

关于 $\Delta\varepsilon$ 和 $\Delta\psi$，根据国际天文学联合会所采用的最新章动理论，其常用表达形式，是含有多达 106 项的复杂级数展开式。在天文年历中载有这些展开式的系数值，实用上根据 T 值便可精确地计算相应的 $\Delta\psi$ 和 $\Delta\varepsilon$ 值。

由此，根据式(2-3)和(2-5)便可写出

$$
\begin{bmatrix}x\\ y\\ z\end{bmatrix}_{\mathrm{t}} = \boldsymbol{N}\,\boldsymbol{M}\begin{bmatrix}x\\ y\\ z\end{bmatrix}_{\mathrm{CIS}} \tag{2-7}
$$

在实际工作中，坐标系统的这种转换，一般都借助计算机及相应软件自动完成。虽然如此，对于广大 GPS 的应用者来说，了解一下有关各种天球坐标系的定义及其转换的基本概念仍是必要的。

2.2 协议地球坐标系

2.2.1 地球固连坐标系

由于天球坐标系与地球自转无关，因此，地球上任一固定点在

天球坐标系中的坐标，将随地球的自转而变化，显然这在实用上很不方便。为了描述飞行器相对于地球的运动状态，有必要建立与地球体相固连的坐标系（有时也称地球坐标系、地固坐标系，以区别空固坐标系）。

该系统也有两种表达形式，即空间直角坐标系和大地坐标系，如图 2－5 所示。

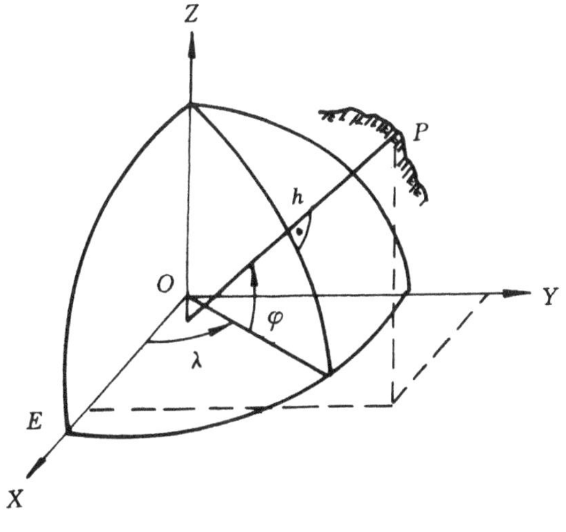

图 2－5 地球固连直角坐标系与大地坐标系

地球固连直角坐标系的定义是：原点 O 与地球质心重合，Z 轴指向地球北极，X 轴指向格林威治平子午面与地球赤道的交点 E，Y 轴垂直于 XOZ 平面构成右手坐标系。

大地坐标系的定义是：地球椭球的中心与地球质心重合，椭球的短轴与地球自转轴重合，大地纬度 φ 为过地面点的椭球法线与椭球赤道面的夹角，大地经度 λ 为过地面点的椭球子午面与格林威治平大地子午面之间的夹角，大地高 h 为地面点沿椭球法线至椭球面的距离。

于是，任一地面点 P，在地球坐标系中的坐标，可表示为 (X, Y, Z) 或 (φ, λ, h)。这两种坐标的换算关系为

$$\left.\begin{aligned} X &= (N + h)\cos\varphi\cos\lambda \\ Y &= (N + h)\cos\varphi\sin\lambda \\ Z &= [N(1 - e^2) + h]\sin\varphi \end{aligned}\right\} \tag{2-8}$$

式中 N —— 椭球的卯酉圈曲率半径；

e —— 椭球的第一偏心率。

若以 a 和 b 分别表示所取椭球的长半轴和短半轴，则有

$$N = \frac{a}{W}$$

$$W = (1 - e^2\sin^2\varphi)^{1/2}$$

$$e^2 = \frac{a^2 - b^2}{a^2}$$

当由空间直角坐标转换为大地坐标时，通常可用下式：

$$\left.\begin{aligned} \lambda &= \arctan\frac{Y}{X} \\ \varphi &= \arctan\frac{Z(N + h)}{\sqrt{X^2 + Y^2}[N(1 - e^2) + h]} \\ h &= \frac{\sqrt{X^2 + Y^2}}{\cos\varphi} - N \end{aligned}\right\} \tag{2-9}$$

2.2.2 极移与协议地球坐标系

人们早已发现，地球自转轴相对地球体的位置并不是固定的，因而地极点在地球表面上的位置，是随时间而变化的。这种现象称为地极移动，简称**极移**。观测瞬间地球自转轴所处的位置，我们称为瞬时地球自转轴，而相应的极点称为瞬时极。

通过大量观测资料的分析表明，地极在地球表面上的运动，主要包含两种周期性的变化：一种是周期约为一年，振幅约为 0.1″ 的变化；另一种是周期约为 432 天，振幅约为 0.2″ 的变化。后一种

周期变化又称为张德勒(S. C. Chandler) 周期变化。

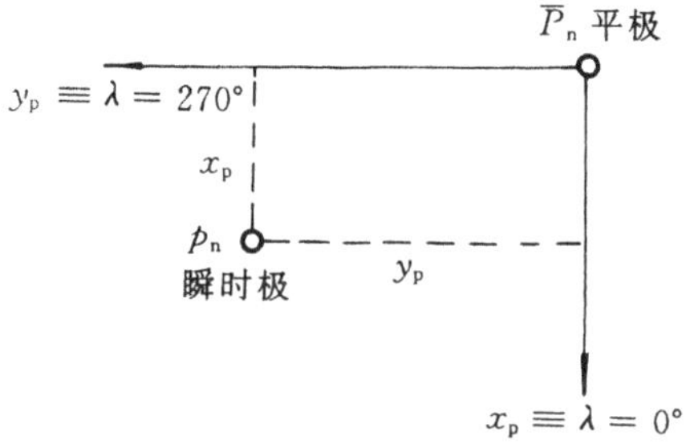

图 2-6 地极坐标系

为了描述地极移动的规律。通常均取一平面直角坐标系(见图 2-6) 来表达地极的瞬时位置。为此,假设该平面通过地极的某一平均位置,即平极 $\overline{P}_n$,并与地球表面相切。在此平面上取直角坐标系(x_p, y_p),并设其原点与平极 $\overline{P}_n$ 重合。x_p 轴指向平均格林威治天文台,y_p 轴指向格林威治零子午面以西 90° 的子午线方向。于是任一历元 t 的瞬时极 p_n 的位置,可表示为(x_p, y_p)。

一个自由转动刚体,如其初始条件为自转轴与刚体的主惯量轴一致,则其自转轴将与主惯量轴保持一致,如初始条件为自转轴与刚体主惯量轴不一致而存在某一夹角,根据欧拉方程的解,其瞬时自转轴将不会与主惯量轴重合,而是在其附近不停地摆动,即极移。

地极的移动,将使地固坐标系坐标轴的指向发生变化。从而将对实际工作造成许多困难。因此,国际天文学联合会和国际大地测量学协会早在 1967 年便建议,采用国际上 5 个纬度服务站,以 1900 至 1905 年的平均纬度所确定的平均地极位置作为基准点。平极的这个位置,是相应于上述期间地球自转轴的平均位置,通常称为国际协议原点(CIO — Conventional International Origin)。与之相应的地球赤道面,称为平赤道面或协议赤道面。在实际工作中,至今仍普遍采用 CIO 作为协议地极(CTP—Conventional Terrestrial Pole)。以协议地极为基准点的地球坐标系,称为协议地球坐标系(CTS—Conventional Terrestrial System),而与瞬时极相应的地球坐标系,称之为瞬时地球坐标系。

极移现象主要引起了地球瞬时坐标系相对协议地球坐标系的旋转(参见图 2-8)。如果以$(X\quad Y\quad Z)_{CTS}$和$(X\quad Y\quad Z)_t$分别表示协议地球空间直角坐标系和观测历元 t 的瞬时地球空间直角坐标系,那么其间的关系为

$$\begin{bmatrix} X \\ Y \\ Z \end{bmatrix}_{CTS} = \boldsymbol{Q} \begin{bmatrix} X \\ Y \\ Z \end{bmatrix}_t \tag{2-10}$$

$$\boldsymbol{Q} = \boldsymbol{R}_2(-x_p)\boldsymbol{R}_1(-y_p)$$

考虑到地极坐标为微小量,如果仅取至一次微小量,则有

$$\boldsymbol{Q} = \begin{bmatrix} 1 & 0 & x_p \\ 0 & 1 & -y_p \\ -x_p & y_p & 1 \end{bmatrix}$$

2.2.3 协议地球坐标系与协议天球坐标系间的转换

根据协议地球坐标系和协议天球坐标系的定义可知:

(1) 两坐标系的原点均位于地球的质心,故其原点位置相同。

(2) 瞬时天球坐标系的 z 轴与瞬时地球坐标系的 Z 轴指向相同。

(3) 两瞬时坐标系 x 轴与 X 轴的指向不同,其间夹角为春分点的格林威治恒星时。

如果春分点的格林威治恒星时,以 GAST(Greenwich Apparent Sidereal Time)表示,则瞬时天球坐标系与瞬时地球坐标系之间的转换关系可简单地表示为

$$\begin{bmatrix} X \\ Y \\ Z \end{bmatrix}_{t} = \boldsymbol{R}_3(\mathrm{GAST}) \begin{bmatrix} x \\ y \\ z \end{bmatrix}_{t} \tag{2-11}$$

$$\boldsymbol{R}_3(\mathrm{GAST}) = \begin{bmatrix} \cos(\mathrm{GAST}) & \sin(\mathrm{GAST}) & 0 \\ -\sin(\mathrm{GAST}) & \cos(\mathrm{GAST}) & 0 \\ 0 & 0 & 1 \end{bmatrix}$$

考虑到式(2-10),则有

$$\begin{bmatrix} X \\ Y \\ Z \end{bmatrix}_{\mathrm{CTS}} = \boldsymbol{Q}\,\boldsymbol{R}_3(\mathrm{GAST}) \begin{bmatrix} x \\ y \\ z \end{bmatrix}_{t} \tag{2-12}$$

再根据式(2-7)便可得到协议天球坐标系与协议地球坐标系之间的转换关系为

$$\begin{bmatrix} X \\ Y \\ Z \end{bmatrix}_{\mathrm{CTS}} = \boldsymbol{LNM} \begin{bmatrix} x \\ y \\ z \end{bmatrix}_{\mathrm{CIS}} \tag{2-13}$$

式中 $\boldsymbol{L} = \boldsymbol{R}_2(-x_p)\boldsymbol{R}_1(-y_p)\boldsymbol{R}_3(\mathrm{GAST})$

2.3 全球大地系统

GPS 定位是建立在“全球大地系统”(WGS—World Geodetic System)的基础上,它是一种以地球质心为圆点与地球固连的(地心地固 ECEF)坐标系,属协议地球坐标系。

全球大地参考系统的精度受技术水平的限制,也由相应的任务精度要求而定。1960 年,美国推出了 WGS60,以后又相继推出 WGS66 和 WGS72,其精度不断提高。WGS72 本来是为子午仪系统导航而设,它的地球引力模型(EGM)和水准面已不适应新的武器系统发展和定位的要求。1984 年,美国军用制图署(DMA)对地球进行新的测量和定义，推出了全球大地系统 WGS84，这一系统被 GPS 采用，成为 GPS 定位测量的基础。

WGS84 没有出现以前，世界各地采用的大地系统大多是根据本国的实际地表情况建立的，由于对本地区以外的测量资料的缺乏，使这样建立起来的大地系统只适应某一国家和地区。WGS84 不能取代这些局部的大地系统，一方面是各国根据自己的大地系统绘制了大量的地形图，多年的沿用已形成了习惯，另一方面是政治和军事保密的原因。

本节在介绍了 WGS84 坐标系之后，还将介绍在我国惯用的北京—54 坐标系和高斯-克吕格平面地图坐标系。

2.3.1 WGS84 坐标系

WGS84 坐标系定义如下（见图 2－7）：

原点：地球的质量中心。

Z 轴：平行于协议地球极 CTP(Conventional Terrestrial Pole)，CTP 由 BIH(Bureau International de L'Heure) 采用 BIH 站的坐标定义。

X 轴：WGS84 基准子午面与 CTP 所定义赤道面的交线，WGS84 基准子午线与 BIH 采用的 BIH 站的坐标定义的零子午线相同。

Y 轴：与 X 轴、Z 轴构成一个右手、地心、固连在地球上的直角坐标系。即在 CTP 所定的赤道面内把 X 轴向东转 90°。

$$a = 6\ 378\ 137 \text{ m}$$

$$f = \frac{a-b}{a} = \frac{1}{298.257\ 223\ 563}$$

$$\omega = 7\ 292\ 115.146\ 7 \times 10^{-11} \text{ s}^{-1}$$

$$C_{2,0} = -484.164\ 85 \times 10^{-6}$$

$$\text{GM} = 3\ 986\ 005 \times 10^{8} \text{ m}^3/\text{s}^2$$

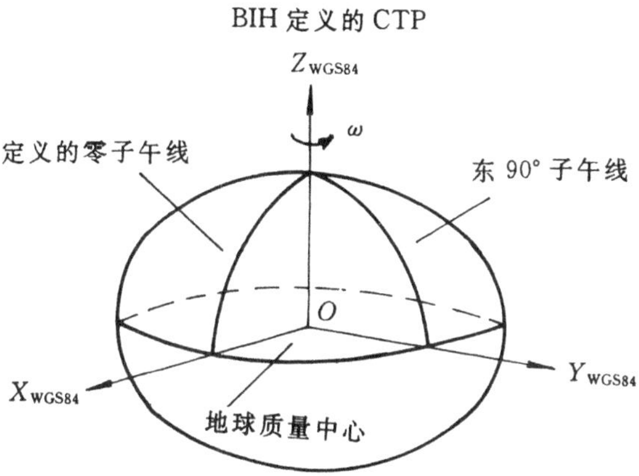

图 2-7　WGS84 坐标系统

2.3.2　局部大地系统

不同的国家或地区根据本地区的地表情况按椭球面与本地区域大地水准面最吻合的原则建立起自己的大地系统，供本国或本地区使用。由于受观测资料的局限，定义的椭球参数不尽相同，在参考椭球的基础上建立起局部大地系统。我国目前使用的大地坐标系统主要是1954年北京坐标系（简称BJ—54系）和1980年国家大地坐标系。

BJ—54 坐标系采用的是前苏联的克拉索夫斯基椭球，此椭球参数通过与前苏联 1942 年坐标系联测建立的。因此 BJ—54 系实际上是前苏联 1942 年坐标系的延伸，它的大地原点为普尔科沃天文台圆柱大厅中心。

BJ—54 系存在的主要问题是：

（1）椭球参数只有两个几何参数，且长半轴与现代参数相比误差较大。

(2) 坐标轴指向与当前国际、国内采用的方向不一致。

1980 年国家大地坐标系的大地原点设在陕西泾阳县永乐镇。椭球参数选用 1975 年国际大地测量与地球物理联合会第 16 届大会的推荐值,简称 IUGG—75 地球椭球参数:

$$a = 6\ 378\ 140\ \text{m}$$

$$f = \frac{1}{298.257}$$

$$\omega = 7\ 292\ 115 \times 10^{-11}\ \text{s}^{-1}$$

$$J_2 = 1\ 082.63 \times 10^{-6} \quad (J_2 = -\sqrt{5}\,C_{2,0})$$

$$\text{GM} = 3\ 986\ 005 \times 10^{8}\ \text{m}^3/\text{s}^2$$

2.3.3 WGS84 与其他大地系统的关系

全球大地系统(例如 WGS84)与局部大地系统(如 BJ—54)之间有如下的转换关系(基于参考椭球体的直角坐标系):

$$\begin{vmatrix} x \\ y \\ z \end{vmatrix}_{\text{WGS84}} = \begin{vmatrix} x \\ y \\ z \end{vmatrix}_{\text{Local}} + \begin{vmatrix} \Delta x \\ \Delta y \\ \Delta z \end{vmatrix} + \begin{vmatrix} \Delta s & w & -\psi \\ -w & \Delta s & \varepsilon \\ \psi & -\varepsilon & \Delta s \end{vmatrix} \begin{vmatrix} x - x_0 \\ y - y_0 \\ z - z_0 \end{vmatrix}_{\text{Local}}$$

式中 $\Delta s.(\varepsilon, \psi, w)$ —— 刻度和相对方位在局部大地系统中的变化;

x_0, y_0, z_0 —— 定义的“初始”点在局部大地系中的坐标;

Δx, Δy, Δz —— 两个坐标系之间的原点平移量。

BJ—54 系与 WGS84 坐标系之间的转换参数值并不精确已知,这需要测绘工作者进行大量的实测和计算。

在大地坐标(经度 λ、纬度 φ、高度 h) 系中,两个坐标系之间的转换可用 Moledensky 公式获得,即:

$$\begin{vmatrix} \varphi \\ \lambda \\ h \end{vmatrix}_{\text{Local}} = \begin{vmatrix} \varphi \\ \lambda \\ h \end{vmatrix}_{\text{WGS84}} + \begin{vmatrix} \Delta\varphi \\ \Delta\lambda \\ \Delta h \end{vmatrix}$$

$(\Delta\varphi\Delta\lambda\Delta h)^{\mathrm{T}}$ 由 Molodensky 公式计算，即

$$\begin{vmatrix} \Delta\varphi \\ \Delta\lambda \\ \Delta h \end{vmatrix} = \boldsymbol{S}\begin{vmatrix} \Delta x \\ \Delta y \\ \Delta z \end{vmatrix} + \boldsymbol{R}\begin{vmatrix} \Delta a \\ \Delta f \end{vmatrix}$$

式中 $\boldsymbol{S}$ 为平移矩阵，即

$$\boldsymbol{S} = \begin{vmatrix} -\dfrac{\sin\varphi\cos\lambda}{M+h} & -\dfrac{\sin\varphi\sin\lambda}{M+h} & \dfrac{\cos\varphi}{M+h} \\ -\dfrac{\sin\lambda}{(M+h)\cos\varphi} & \dfrac{\cos\lambda}{(M+h)\cos\varphi} & 0 \\ \cos\varphi\cos\lambda & \cos\varphi\sin\lambda & \sin\varphi \end{vmatrix}$$

$\boldsymbol{R}$ 为形变矩阵，即

$$\boldsymbol{R} = \begin{vmatrix} \dfrac{Nf(2-f)}{a(M+h)}\sin\varphi\cos\varphi & \dfrac{N(1-f)+M/(1-f)}{M+h}\sin\varphi\cos\varphi \\ 0 & 0 \\ -\dfrac{a}{N} & N(1-f)\sin^2\varphi \end{vmatrix}$$

其中 M —— 子午圈曲率半径；

N —— 图廓点卯酉圈曲率半径。

2.3.4 高斯-克吕格坐标系

在航空导航应用中，经常需要把定位结果与地图相比较，如机场的调度管理、地形匹配系统等等。地图投影是通过把椭球面的点投影到一个平面上形成的。大地测绘成果通常以这个坐标形式给出，它也是地图绘制的基础。在差分 GPS 中，基准点坐标的已知值一般通过大地绘制得到。所以有必要研究此坐标系及其与大地坐标系之间的转换关系。

地图投影的方式很多，我国采用的是高斯-克吕格投影，它是一种横轴、椭圆柱面、等角投影。用一个椭球柱面与地球椭球在某一子午圈 L_0 上相切，这条子午线叫做投影轴子午线，也就是高斯-克吕格投影直角坐标系的纵轴或 x 轴，地球的赤道面与椭圆柱面相交，成一直线，这条直线与轴子午线正交，就是平面直角坐标系的横轴或 y 轴，把椭圆柱面展开，就得到以 (x,y) 为坐标的平面直角坐标系，图 2－8 是高斯-克吕格投影原理图。

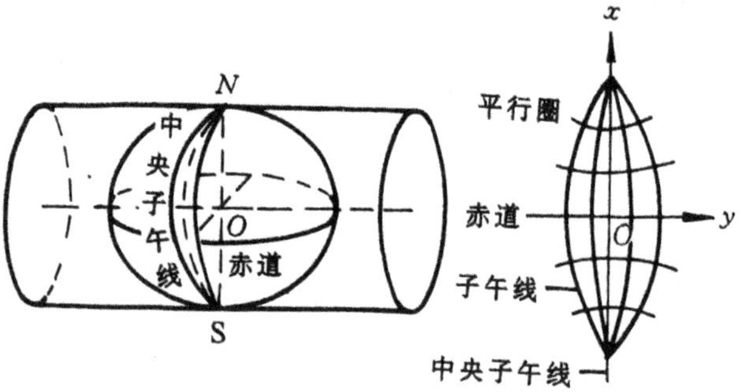

(a) (b)

图 2－8 高斯-克吕格投影原理图

(a) 横椭圆柱图 (b) 投影平面图

为减少投影变形，按经度把椭球分为许多带，各带分别投影，经常采用的是 3° 和 6° 分带。

为使 y 值不为负，通常将 y 值加上 500 km。

从大地坐标 (φ,λ) 到高斯-克吕格坐标系 (x, y) 转换称为高斯投影正算，其计算公式如下：

$$x = X + \frac{N}{2r''^{2}}\sin f\cos f \cdot l^{2} +$$

$$\frac{N}{24r''^{4}}\sin f\cos^{3} f(5 - t^{2} + 9h^{2} + 4h^{4})l^{4} +$$

$$\frac{N}{720r^6}\sin f\cos^5 f(61-58t^2+t^4)l^6$$

$$y=\frac{N}{\rho}\cos\varphi\cdot l^2+\frac{N}{6\rho^3}\cos^3\varphi(1-t^2+\eta^2)l^3+$$
$$\frac{N}{120\rho^5}\cos^5\varphi(5-18t^2+t^4+14\eta^2-58\eta^2t^2)l^5$$

式中

$$X=a(1-e^2)A_1\frac{\varphi''}{\rho''}-B_1\frac{\sin2\varphi}{2}+C_1\frac{\sin4\varphi}{4}-D_1\frac{\sin6\varphi}{6}$$

为图廓点平行圈所截的中央经线弧长。

$$l=\lambda-\lambda_0$$

式中　λ —— 图廓点经度；

λ_0 —— 投影带中央经线的经度。

$$N=\frac{a}{\sqrt{1-e^2\sin^2\varphi}}=\frac{a}{\sqrt{\cos^2\varphi+(1-f)^2\sin^2\varphi}}$$

为图廓点卯酉圈曲率半径。

$$\eta^2=e'\cos^2\varphi$$
$$t=\tan\varphi$$

对克拉索夫斯基椭球：

$\rho''=206\ 264.806\ 247\ 096\ 4$

$a=637\ 824\ 5\ \mathrm{m}$

$b=6\ 356\ 863.018\ 77\ \mathrm{m}$

$e^2=0.006\ 693\ 412\ 623$

$e'^2=0.006\ 738\ 525\ 415$

$A_1=1.005\ 051\ 778\ 9$

$B_1=0.005\ 062\ 377\ 64$

$C_1=0.000\ 106\ 245\ 1$

$D_1=0.000\ 000\ 201\ 8$

在差分GPS中，还需要由高斯-克吕格坐标到大地坐标的转换，这称为高斯投影反算，公式如下：

$$\varphi = \varphi_f - \frac{t_f}{2M_fN_f}y^2 + \frac{t_f}{24M_fN_f^3}\times (5 + 3t_f^2 + \eta_f^2 - 9\eta_f^2t_f^2)y^4 - \frac{t_f}{720M_fN_f^5}(61 + 90t_f^2 + 45t_f^4)y^6$$

$$l = \frac{1}{N_f\cos\varphi_f}y - \frac{1}{6N_f^3\cos\varphi_f}(1 + 2t_f^2 + \eta_f^2)y^3 + \frac{1}{120N_f^5\cos\varphi_f}(5 + 28t_f^2 + 24t_f^4 + 6\eta_f^2 + 8\eta_f^2t_f^2)y^6$$

式中 M_f 为子午圈曲率半径，即

$$M_f = \frac{a(1 - e^2)}{(1 - e^2\sin^2 B_f)^{3/2}}$$

$$\varphi_f = \varphi_f^{(0)} + \cos\varphi_f^{(0)}(K_1\sin\varphi_f^{(0)} - K_2\sin^3\varphi_f^{(0)} + K_3\sin^5\varphi_f^{(0)})$$

$$\varphi_f^{(0)} = K_0x$$

对克拉索夫斯基椭球：

$$K_0 = 1.570\ 460\ 641\ 72 \times 10^{-7}$$

$$K_1 = 5.051\ 773\ 759 \times 10^{-3}$$

$$K_2 = 2.983\ 730\ 2 \times 10^{-5}$$

$$K_3 = 2.381\ 89 \times 10^{-7}$$

2.3.5 高度关系

地球表面是一个复杂的曲面，不宜作为实际测量的基准。在实际的高度测量中以铅垂线为基准线，以水准面为基准面。在地球的重力场中，处处与重力方向（铅垂线）成正交的曲面，称为水准面。一个与处于流体静平衡状态的海洋面（无浪，无潮汐，无水流和大气压力变化引起的扰动）重合并延伸到陆地区域的水准面称为大地水准面。它通常用来表述整个地球形状。

大地水准面是高程的起算面。一个点沿铅垂线到大地水准面的距离，称为正高，通常也称为海拔高度（以 H 表示）。相对于参考椭球的垂直距离称为大地高，也称为椭球高度（以 h 表示）。大地水准面差距，简称高度差（以 n 表示）。

严格地讲，由于椭球面法线与铅垂线不一致，故 $(H+n)$ 不等于 h，但两者的差异甚小，因此有

$$h = H + n$$

为了GPS应用的需要，根据大量实测数据，建立了 n 值的数据库，在WGS84系统中为一般用户提供 $10° \times 10°$ 的表格，为授权用户提供 $1° \times 1°$ 的表格。对任一点，先由直角坐标算出椭球高度，再由数据库和插值算法求 n，最后得到海拔高度。

图2-9表示了海拔高度 H、椭球高度 h 和高度差 n 之间的关系。

GPS系统中使用的是四点插值算法求高度差 n。在地球表面从零经、纬度起，每隔 $10°$ 取一点，形成一个网格，网格点的数据通过卫星测得，网格点外由差值算法求得。

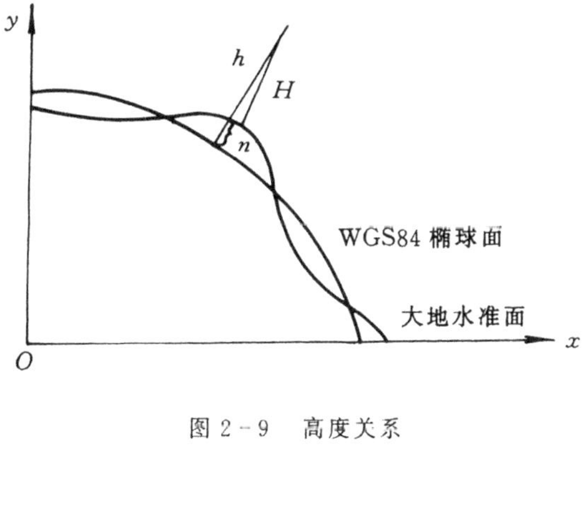

图2-9　高度关系

2.4 时间体系

GPS是建立在测定无线电信号传播延迟基础上的，把时间转换为距离量时纳秒级的时间误差都会引起米级的距离误差，这就要求时钟高度稳定和同步。从理论上而言，任何一个周期运动，只要它的周期是恒定的且是可观测的，都可以作为时间的尺度。实际上我们所能得到的时间尺度只能在一定精度上满足这一理论要求。科学技术的发展对时间尺度准确性越来越高的要求，推动了时间测量水准的不断提高；观测技术的进步和更加稳定的周期运动的发现使时间单位(秒)的定义也经历了一个相应的变化过程。

2.4.1 世界时

世界时(UT—Universal Time)以地球自转周期为基准，1960年以前一直作为时间测量的基准，由于地球的自转，太阳会周期性地经过某个地点上空。太阳连续两次经过某条子午线的平均时间间隔称为一个平太阳日，以此为基准的时间称为平太阳时。英国格林威治从午夜起算的平太阳时称为世界时(UT)，一个平太阳日的1/86 400规定为一个世界时秒。地球除了绕轴自转之外，还有绕太阳的公转运动，所以，一个平太阳日并不等于地球自转一周的时间。

世界时既然以地球自转周期为基准，那么地球自转轴在地球内的变化(即极移)和地球自转速度不均匀就会对世界时产生影响。地球自转速度主要的三种变化是：长期变化，它是由于日月潮汐的摩擦作用引起的日长度缓慢增加；季节及周期现象引起的周期变化；以及地球转动惯量的不规则变化等未知因素引起的不规则变化。

经对以上主要因素修正得到的世界时为

$$UT_2 = UT_0 + \Delta\lambda + \Delta T_s$$

式中　UT_0 —— 从午夜起算的格林威治平太阳时，它由各地天文台或授时台对恒星位置直接观测，并经平滑处理的结果；

$\Delta\lambda$ —— 极移改正值；

ΔT_s —— 地球自转季节性变化的改正值。

2.4.2　历书时

历书时(ET —Ephemeris Time)以地球绕太阳公转周期为基准，理论上讲它是均匀的，不受地球极移和转速变化的影响，因而比世界时更精确。回归年(即地球绕太阳公转一周的时间)长度的1/31 556 925.974 7为一历书时秒，86 400历书时秒为一历书时日。但是，由于观测太阳比较困难，只能通过观测月亮和恒星换算，其实际精度比理论分析的低得多，所以历书时只正式使用了7年。

2.4.3　原子时

原子时(AT—Atomic Times)以位于海平面的铯原子133基态两个超精细结构能级跃迁辐射的电磁波周期为基准，从1958年1月1日世界的零时开始启用。铯束频标的9 192 631 770个周期持续的时间为一个原子时秒，86 400个原子时秒定义为一个原子时日。由于原子内部能级跃迁所发射或吸收的电磁波频率极为稳定，比以地球转动为基础的计时系统更为均匀，因而得到了广泛应用。

虽然原子时比以往任何一种时间尺度都精确，但它仍含有一些不稳定因素，需要修正。因此，国际原子时尺度并不是由一个具体的时钟产生的，它是一个以多个原子钟的读数为基础的平均时间尺度，目前大约有100台原子钟以不同的权值参加国际原子时的计算，它们分布在欧洲、澳大利亚、美洲和日本等地，每天通过罗兰—C和电视脉冲信号进行相互对比，并且不定期地用搬运钟进行对比。国际原子时的最高读数精度为 $\pm 0.2 \sim 0.5\ \mu s$，频率准确度为年平均值 $\pm 1 \times 10^{-13}$，频率稳定度为 $\sigma(2, \tau) = 0.5 \sim 1.0 \times 10^{-13}$，2 月 $< \tau <$ 几年。

2.4.4 协调时

协调时(UTC — Universal Time Coordinated)并不是一种独立的时间，而是时间服务工作中把原子时的秒长和世界时的时刻结合起来的一种时间。它既可以满足人们对均匀时间间隔的要求，又可以满足人们对以地球自转为基础的准确世界时时刻的要求。协调时的定义是它的秒长严格地等于原子时秒长，采用整数调秒的方法使协调时与世界时之差保持在 0.9 s 之内。

2.4.5 GPS 时

GPS 时(GPST—GPS Time)是由 GPS 星载原子钟和地面监控站原子钟组成的一种原子时系统，与国际原子时保持有 19 s 的常数差，并在 GPS 标准历元 1980 年 1 月 6 日零时与 UTC 保持一致。GPS 时间在 0 ～ 604 800 s 之间变化，0 s 是每星期六午夜且每到此时 GPS 时间重新设定为 0 s，GPS 周数加 1。

GPS 时间的一个重要作用是作为 GPS 轨道确定的精密参考。过去，GPS 时间被保持在主控制站，轨道确定过程中相对于 GPS 主钟跟踪所有卫星钟，因而每个 GPS 卫星轨道的确定都密切地与主钟联系起来。在轨道确定中，测量的每个卫星伪距与主钟比较并打上主钟的时间标记。不幸的是，轨道确定过程并不能把估计的至卫星的距离误差与钟差分离出来，因此为了得到对轨道良好的估计，主钟在估计期间必须非常稳定。但由于主控站环境条件不理想，作为 GPS 主钟的铯钟有频率跳跃现象，为了改善这种状况，在主控站安装了一个硬件钟组，与此同时还开发了一个 GPS 组合钟并已投入使用，它是把 GPS 系统中所有钟(地面的和星上的)平均而来。因此轨铷钟的固有性质，它在组合钟中的加权是降低的。

由于GPS的时间参考和美国国防部所有与时间有关的系统都是UTC(定标在美国海军实验室)，所以必须有一个方法能把GPS时间与UTC联系起来，具体办法是在卫星的导航电文中播发2个系数，用来确定GPST和UTC之差，用户导航设备利用给定的公式可以很容易地完成这一运算。

2.5　卫星轨道基础

应用GPS进行导航和定位，首先要知道卫星轨道参数，进而知道卫星在空间的位置坐标。对于单个接收机定位，定位误差与卫星轨道误差密切相关。在相对定位中，按照经验，相对基线误差等价于相对轨道误差。卫星轨道参数是作为卫星广播电文的一部分，由卫星播发的，这些参数是在地面跟踪站对卫星观测几天之后，由地面主控制站进行预报计算得来并经注入站加载到卫星的，所以是预报值。

卫星轨道运动是地球引力和其他许多作用在卫星上的力产生的总结果，如太阳和月球引力，太阳辐射在卫星上的压力。对于低轨道卫星，大气阻力也是不可忽略的。卫星精密轨道的计算涉及复杂的卫星轨道力模型。

为使问题的分析简单起见，假设下面的条件成立：

(1) 地球是一个质点或具有均匀密度分布的球，其引力场是对称的；

(2) 卫星的质量与地球相比可以忽略；

(3) 假定卫星在真空中运动，即没有大气阻力和太阳辐射压力作用在卫星上；

(4) 没有太阳、月球和其他天体引力作用在卫星上(仅讨论二体问题)。

在这样理想的条件下，卫星运动的轨道面可用图 2－10 给出。

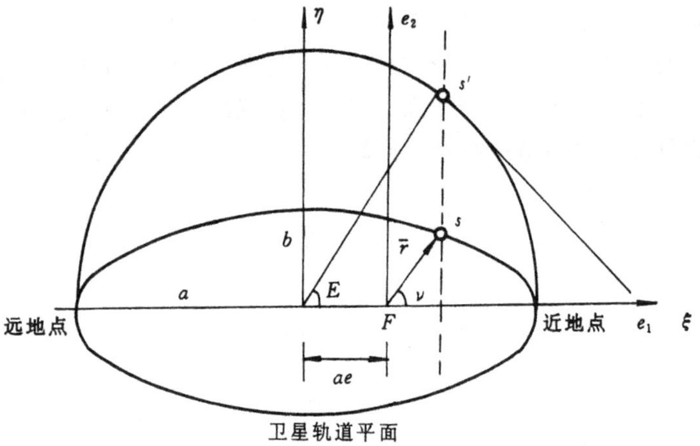

图 2－10　轨道平面坐标系

卫星轨道面呈椭圆形，椭圆的形状用长短半轴 a 和 b 确定，e 表示椭圆的偏心率，椭圆的两个轴形成了坐标系（ξ，η），设卫星的位置为 s，ss' 在轨道面上并与 η 轴平行。（e_1，e_2）也在轨道面上，但坐标原点位于椭圆的一个焦点 F 上并与地球的中心一致，第三个轴 e_3（图 2－10 中未给出）完成右手坐标系。从地球中心到卫星的中心向量用 r 表示。轨道上靠近或远离焦点的位置分别称为近地点和远地点。真近点角 ν 和偏近点角 E 按反时针测量。

图 2－11 示出了在天球坐标系中轨道参数的定义，其中，X 轴与春分点方向相同，Z 轴指向北天极，Y 轴在赤道面上并完成右手正交。卫星轨道与赤道的交点称为升交点，卫星在升交点从南向北穿过赤道，Ω 是升交点右升角，焦点和近地点连线与升交点线之间的夹角称为近地点幅角 ω。真近点角 ν 和近地点幅角 ω 在轨道面上，轨道面与赤道的夹角称为卫星轨道倾角 i。从图中可以知道（Ω，i）确定了轨道在赤道坐标系的位置，（Ω，ω，i）给出了轨道椭

圆在空间的位置，(a, e, ν) 描述了卫星在轨道面上的位置。因此，描述卫星在其轨道上的位置的 6 个轨道参数是：

$$\{\Omega, \omega, i, a, e, \nu\}$$

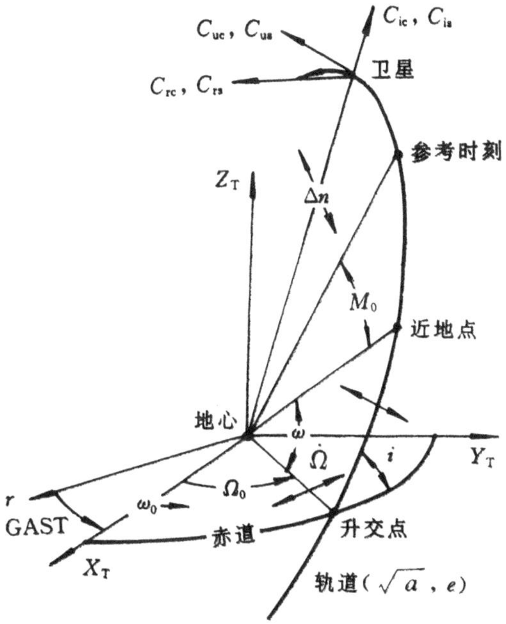

图 2-11　卫星轨道描述

假设两个点质量 m_1 和 m_2 相隔距离为 r，在两个点质量之间只有引力存在，应用牛顿力学定律，质量 m_2 相对于质量 m_1 的运动，可用二次齐次微分方程描述，即

$$\ddot{\boldsymbol{r}} + \frac{G(m_1 + m_2)}{r^3}\boldsymbol{r} = 0 \qquad (2-14)$$

式中　$\boldsymbol{r}$ —— 相对位置向量，其模为 r；

$\ddot{\boldsymbol{r}}$ —— 相对加速度向量，其式为

$$\ddot{\boldsymbol{r}} = \frac{\mathrm{d}^2\boldsymbol{r}}{\mathrm{d}t^2}$$

G —— 万有引力常数；

t —— 用 GPS 时间尺度实现的时间变量。

对于 GPS 卫星，卫星质量相对地球可忽略不计。

按照开普勒第三定律，卫星平均角速度 n 由下式给出：

$$n = \frac{2\pi}{p} = \sqrt{\frac{\mu}{a^3}} \tag{2-15}$$

式中 p—— 轨道周期。

卫星在轨道上的瞬时位置用近点角表示：

平近点角 $$M(t) = n(t - T_0) \tag{2-16}$$

偏近点角 $$E(t) = M(t) - e\sin E(t) \tag{2-17}$$

真近点角

$$\nu(t) = 2\arctan\left[\sqrt{\frac{1-e}{1+e}}\tan\frac{E(t)}{2}\right] \tag{2-18}$$

式中 T_0 —— 近点角通过时间；

e —— 椭圆轨道的偏心率。

式(2-16)按照定义成立，且隐含 T_0 可以代替平近点角 M。式(2-17)也称为开普勒方程，可以从式(2-14)的解析解中得到。式(2-18)完全是一种几何关系。从式(2-16)～(2-18)可知，6个轨道参数也可表示为

$$\{\Omega,\ \omega,\ i,\ a,\ e,\ T_0\}$$

或 $$\{\Omega,\ \omega,\ i,\ a,\ e,\ M\}$$

卫星位置和速度在卫星轨道平面坐标系中可以表示为

$$\boldsymbol{r} = r\begin{bmatrix}\cos\nu \\ \sin\nu\end{bmatrix}$$

$$\dot{\boldsymbol{r}} = \sqrt{\frac{\mu}{a(1-e^2)}}\begin{bmatrix}-\sin\nu \\ \cos\nu - e\end{bmatrix}$$

经坐标转换后可表示在惯性坐标系中，即

$$\boldsymbol{\rho} = \boldsymbol{R}_{\mathrm{T}}\boldsymbol{r}$$

$$\dot{\boldsymbol{\rho}} = \boldsymbol{R}_{\mathrm{T}}\ \dot{\boldsymbol{r}}$$

$$\boldsymbol{R}_{\mathrm{T}} = \boldsymbol{R}_3(-\Omega)\boldsymbol{R}_1(-i)\boldsymbol{R}_3(-\omega) = \begin{bmatrix} \cos\Omega\cos\omega - \sin\Omega\sin\omega\cos i & -\cos\Omega\sin\omega - \sin\Omega\cos\omega\cos i & \sin\Omega\sin i \\ \sin\Omega\cos\omega - \cos\Omega\sin\omega\cos i & -\sin\Omega\sin\omega + \cos\Omega\cos\omega\cos i & -\cos\Omega\sin i \\ \sin\omega\sin i & \cos\omega\sin i & \cos i \end{bmatrix}$$

此外，还可考虑地球自转和极移的影响，以把卫星位置和速度表示在不同的坐标系中。

卫星的实际运行轨道由于受到多种非地球中心引力的影响，而使其偏离开普勒轨道。对于 GPS 卫星来说，仅地球的非球性影响，在 3 h 的弧段上，就可能使卫星的位置偏差达 2 km，而在两日弧段上达 14 km。显然，这种偏差对于任何用途的定位工作，都是不容忽视的。为此，必须建立各种摄动力模型，对卫星的开普勒轨道加以修正，以满足精密定轨和定位的要求。

卫星在运行中，除主要受到地球中心引力 F_c 的作用外，还将受到以下各种摄动力的影响：

(1) 地球体的非球性及其质量分布不均匀而引起的作用力，即地球的非中心引力 F_{nc}；

(2) 太阳的引力 F_s 和月球的引力 F_n；

(3) 太阳的直接与间接辐射压力 F_r；

(4) 大气的阻力 F_a；

(5) 地球潮汐的作用力；

(6) 磁力等。

GPS 卫星运行时所受的主要作用力，如图 2－12 所示。

在摄动力加速度的影响下，卫星运行的开普勒轨道参数不再保持常数而变为时间的函数。

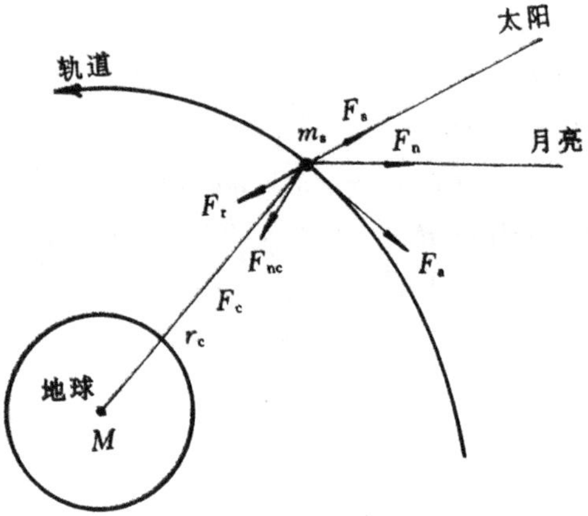

图 2-12 作用于卫星上的力

根据分析，在数小时和数日内，GPS 卫星运行的轨道因各种摄动力加速度影响而产生的偏差，大致如表 2-1 所列。由表可见，为使相对定位精度达到 10^{-6}～10^{-7}，要求轨道的精度为 20～2 m。因此，研究各种摄动力模型，以满足精密定轨的要求，具有重要意义。

在上述各种摄动力中，大气阻力的影响主要取决于大气的密度、卫星的断面与质量之比以及卫星的速度。由于 GPS 卫星所处的高空，大气密度甚微，以致其对卫星的阻力影响可以忽略。

地球受日月引力的影响产生潮汐现象，而地球的潮汐，又将对卫星的运动产生影响，所以地球潮汐的影响，可以认为是日月引力对卫星运动的一种间接影响。理论分析表明，对 GPS 卫星来说，这种影响也不明显。

表 2-1　摄动力对 GPS 卫星的影响

摄动源	加速度/$(m \cdot s^{-2})$	轨道摄动/m	
		3 小时弧段	2 日弧段
地球的非对称性			
(a) $\bar{C}_{20}$	5×10^{-5}	≈2 km	≈14 km
(b) 其他调和项	3×10^{-7}	5～80	100～1 500
日、月点质影响	5×10^{-6}	5～150	1 000～3 000
地球潮汐位			
(a) 固体潮	1×10^{-9}	—	0.5～1.0
(b) 海洋潮汐	1×10^{-9}	—	0.0～2.0
太阳辐射压	1×10^{-7}	5～10	100～800
反照压	1×10^{-8}	—	1.0～1.5

第三章　GPS 信号结构与接收机原理

由卫星发射的导航信号包含：

(1) 卫星星历及卫星钟校正参量；

(2) 测距时间标记，大气附加延时校正参量；

(3) 与导航有关的其他信息。

用户接收和处理导航信号，提取导航信息，完成定位计算。

3.1　信号结构与调制技术

3.1.1　信号成分

用户接收机从导航信号的时间标记上提取传播延时（即距离信息），从导航信号载波的多普勒频移提取速度信息。星历、时钟及大气校正参量、时间标记等则由卫星以通信方式传送给用户。在 GPS 系统中将信息变成编码脉冲以数字通信方式来完成。考虑到保密通信和提高抗干扰能力，各卫星发射信号的区分选择及精密测距，将编码脉冲先调制到伪随机码上，即经伪随机码扩频，再对 L 波段的载频进行双相调制（或称为移相键控调制 BPSK），然后由卫星天线发射。由稳定钟频 5.115 MHz 经倍频产生的两个载波 L_1 和 L_2 的频率为

$$f_1 = 1\ 575.42\ \text{MHz} = 154 \times 10.23\ \text{MHz}$$

$$f_2 = 1\ 227.6\ \text{MHz} = 120 \times 10.23\ \text{MHz}$$

使用两个载频，是为了对电离层产生的附加延时进行双频校正。伪随机码由一串二进制 0 和 1 组成，分别对应状态 +1 和 −1。

如图3-1所示，当状态变化时，载波的相位发生180°变化，即所谓的双向移相键控技术。选择L波段是考虑到这一波段带宽分配相对稳定，电离层延迟作用相对比较小。

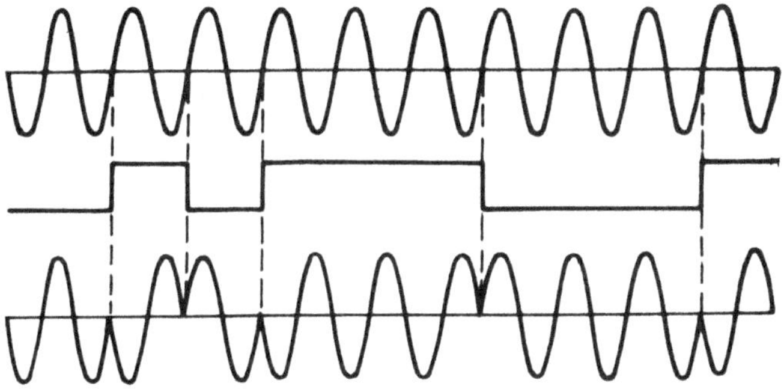

图3-1　双相调制

表3-1总结了信号各个成分和它们的频率。

表3-1　GPS卫星信号成分

信号成分	频　　率
基准频率 /MHz	$f_0 = 10.23$
L_1 载波 f_1/MHz	$154f_0 = 1\,575.42$（波长约19.0 cm）
L_2 载波 f_2/MHz	$120f_0 = 1\,227.60$（波长约24.4 cm）
P码（精码）	$f_0^1 = 10.23$ Mb/s
C/A码（粗/获码）	$f_0^1/10 = 1.023$ Mb/s
导航电文	$f_0^1/204\,600 = 50 \times 10^{-6}$ Mb/s 或 50 b/s

C/A码和P码是两个伪随机噪声（PRN）序列。粗获码（C/A码）是一种短码，码率为 $f_0/10 = 1.023$ Mb/s（兆比特/秒），波长约为300 m，周期为1 ms。精码（P码）的码率为10.23 Mb/s，波长

约为 30 m，周期约 266.4 天。每个卫星分配不同的 C/A 码，分配 P 码中各不相同的一星期部分段。C/A 码和 P 码的作用相当于测距中的定时信号，可用来接收多个 GPS 卫星的信号，解译 C/A 码和 P 码，用户就可得到导航电文和卫星星历等参数。表 3-2 比较了 C/A 码和 P 码的特性。

表 3-2　C/A 码和 P 码

信号成分	C/A 码	P 码
载波频率 /MHz	1 575.42	1 227.60 和 1 575.42
码元率（比特率）/($Mb \cdot s^{-1}$)	1.023	10.23
码长 /bit	1 023 (= 1 ms)	约 6×10^{12}(= 7 天)
码发生器	2 个 10 级移位寄存器	4 个 12 级移位寄存器

P 码调制在 L_1 和 L_2 载波上，而 C/A 码仅调制在 L_1 载波上且与 P 码相位相差 90°。GPS 卫星发射的信号为

$$\begin{aligned} L_1(t) &= A_C C(t) D(t) \sin(2\pi f_1 t + \varphi_c) + \\ &\quad A_P P(t) D(t) \cos(2\pi f_1 t + \varphi_{p1}) \\ L_2(t) &= A_P P(t) D(t) \cos(2\pi f_2 t + \varphi_{p2}) \end{aligned} \tag{3-1}$$

式中　$P(t)$，$C(t)$ ——P 码和 C/A 码；

A_C，A_P —— 振幅；

$D(t)$ —— 导航数据码。

导航数据 $D(t)$ 采用不归零的二进制码，每个二进制码位宽度 20 ms，码率 50 b/s。

图 3-2 示出 GPS P 码信号格式。

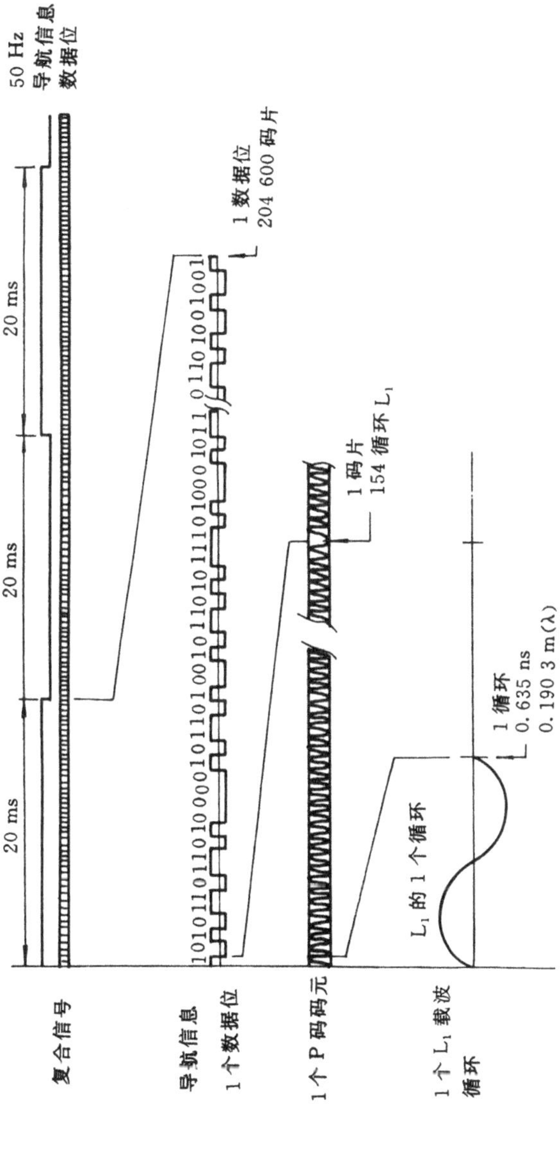

图 3-2　GPS P码信号格式

3.1.2 C/A 码和 P 码的产生

GPS 卫星发射的导航信号是将编码脉冲信号先经伪随机码扩频再对载频进行 BPSK 调制形成的信号。采用这种信号格式，不仅提高了系统导航定位的精度，并使系统具有极高的抗电子干扰能力和极强的保密性。其关键在于用了伪随机码扩频，为此，先对伪随机码作一简介。

为建立伪随机码的概念，引述一个容易理解的事例。取一硬币，规定有国徽一面为“1”，有字一面为“0”，以一定方式抛掷硬币，将每次掷出的“1”或“0”依次排列起来，如 01011011100101…。这就是一个二进制随机序列，这序列也可用图 3-3 的脉冲列表示。正电平为“0”，负电平为“1”。

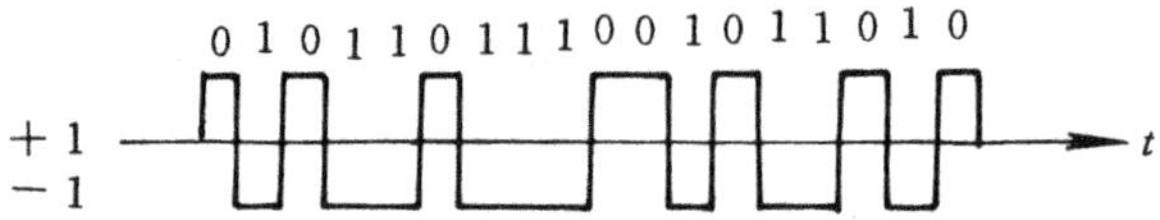

图 3-3　二进制随机序列及相应的脉冲列

二进制随机序列是不能预先完全确定的非周期序列，因而不能被复制。序列的自相关函数定义为：将序列和其移位序列模 2 相加，得到一个新的二进制序列，那么

$$R(\tau) = \frac{1}{T}\int_{\substack{T \\ T\to\infty}} u(t)u(t-\tau)\mathrm{d}t \qquad (3-2)$$

式中 τ 表示序列与自身的移位序列之间的位移。对于二进制随机序列有：当 $\tau = 0$ 时，$R(\tau) = 1$；当 $|\tau| > t_0$ 时，$R(\tau) = 0$，t_0 是码位宽度；当 $-t_0 < \tau < t_0$ 时，如图 3-4 所示，$R(\tau)$ 与 τ 成线性变化。可见二进制随机序列有优良的自相关特性，特别当 t_0 很小时，自相关函数接近于 δ 函数。

实用中最好能找到既有良好自相关特性，又是周期性的，预先能确定的，因而也能复制的序列。这也就是具有随机序列特性的非随机序列，称为伪随机序列。二进制码元“0”和“1”组成的伪随机序列亦称二进制伪随机噪声码（PRN 码），简称伪码。伪码种类很多，GPS 系统采用最长线性移位寄存器序列，也简称为 m 序列，它是由若干级带有某些特定反馈的移位寄存器产生的。由 r 级移位寄存器所产生的 m 序列称为 r 级 m 序列。

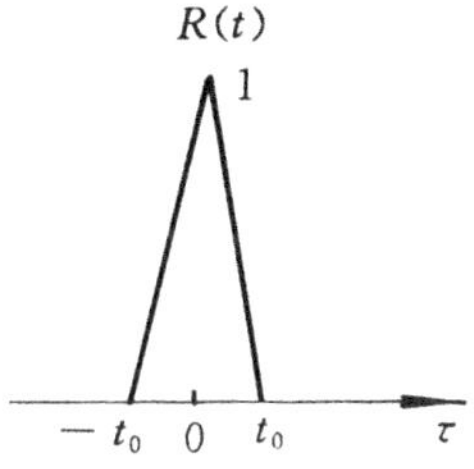

图 3-4 二进制随机序列的自相关函数

图 3-5 所示的电路图产生的伪码称为 4 级 m 序列。图中包括 4 级移位寄存器、模 2 相加反馈电路及钟脉冲产生器。移位寄存器第 3、第 4 级的输出经模 2 相加再输送到移位寄存器的第一输入端。这种反馈属于线性反馈。若开始时把寄存器各单元均置“1”，随着外部钟脉冲的输入，就可以产生伪随机码，伪随机码的码元率就是控制移位寄存器的外部时钟脉冲的频率。按照逻辑电路的原理，若寄存器有 r 级，这种循环移位寄存器输出的伪随机码的码长为 2^r-1。此处，$r=4$，则码长为 15 bit。图 3-5 所示的线性反馈，使 4 级移位寄存器产生周期最长的二进制序列，称作 m 序列，其周期为 $15t_0$。

模 2 相加的定义为

$$\left.\begin{aligned} 0 \oplus 0 &= 0 \\ 0 \oplus 1 &= 1 \\ 1 \oplus 1 &= 0 \end{aligned}\right\} \tag{3-3}$$

式中 $\oplus$ 为模 2 加号。

r 级移位寄存器产生的 m 序列的码位宽度等于钟脉冲周期 t_0，m 序列的周期为 $Nt_0=(2^r-1)t_0$，两序列的模 2 相加对应于代表序列的两脉冲波形的相乘。这是因为模 2 相加的特点是：同码相加为“0”，异码相加为“1”，与乘法中，同号相乘为正，异号相乘为负相对应。

m 序列的自相关函数为：

当 $\tau = nNt_0(n = 0,1,2,\cdots;N = 2^r - 1)$ 时

$$R(\tau) = 1$$

当 $-t_0 + nNt_0 < \tau < t_0 + nNt_0(n = 0,1,2,3\cdots)$ 时

$$-\frac{1}{N} < R(\tau) < 1$$

并 $R(\tau)$ 与 τ 成线性关系。

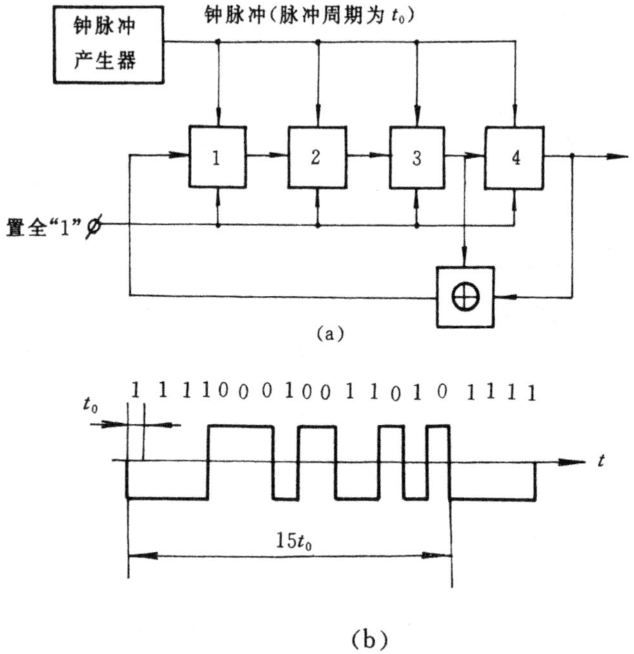

图 3-5 产生 m 序列的方块图

当 $\tau = nt_0$，除去 $n = 0$ 及 n 为 N 的整倍数时

$$R(\tau) = \frac{-1}{N}$$

图 3-5 所产生的 m 序列的自相关函数值，只能有 1 或 $-1/15$ 两种数值。图 3-6 画出了 m 序列自相关函数的图形。由图可见，除了有周期性外，形状与图 3-4 随机序列的自相关函数极其相像。

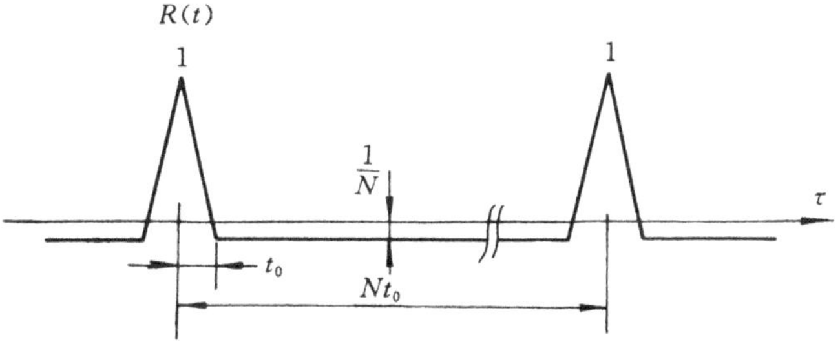

图 3-6　伪随机序列的自相关函数

这表明在一周期内，当时延参数 $\tau = 0$ 时，m 序列的自相关函数值为 1，是个最大值；当 $\tau \neq 0$ 时，m 序列的自相关函数值为 $-1/N$，是个最小值。m 序列自相关函数特性具有重要的意义，它是伪随机噪声码测距技术的理论基础。如卫星发射一伪随机噪声码，而接收机内也产生(复制)一伪随机噪声码，且两个码序列是相同的 m 序列，时间也是精确同步的，则当卫星信号经过传播距离的时间延迟 τ 到达接收机，与本地码进行相关处理时，移动本地码，使相关函数值为最大值，本地码所移动的延迟值就是卫星信号的传播延迟 τ(传播时间)，它乘上光速 c 即为所测距离。应当指出，自相关输出为极大值，不仅在时延为 0 时出现，当时延为整周期时也出现极大值。因此，就产生多值性问题，在测距技术中称之为模糊度问题，需要用其他办法予以解决。

一定级数的线性反馈移位寄存器，通过改变反馈联接可产生不同结构的伪随机序列，级数越多，伪随机序列的种类越多。在

GPS 系统中,利用伪码具有良好的相关特性,能拒收不需要的卫星信号,并分开需同时接收的不同卫星的信号。可给不同的卫星指配不同结构的伪码,当接收某颗卫星信号时,用户只要给这颗卫星设置指配的伪码作本地的跟踪伪码,则对这颗卫星的信号进行跟踪时,相关函数值为1,而对别的卫星信号,其相关函数值为极小。GPS 系统中使用了两种伪随机码,一种是用于分址、搜捕卫星信号、粗测距、且有一定抗干扰能力的粗/获码,称C/A码;另一种是用于分址、精密测距、具有更强抗干扰能力的精码,称P码。C/A码发生器由两组10级移位寄存器构成,基码长为 $2^r-1=1\ 023$ bit,码发生器的时钟频率为 $f_0/10$,所以C/A码的码率为1.023 MHz,周期为1 ms。这里要说明的是无论是C/A码还是P码发生器,它们的时钟频率均来自基准频率 f_0。

C/A码发生器原理图示于图3-7。其中两个10级线性反馈移位寄存器的特征多项式分别为

$$G_1=1\oplus X^5\oplus X^{10}$$

$$G_2=1\oplus X^2\oplus X^3\oplus X^6\oplus X^8\oplus X^9\oplus X^{10}$$

X 右上角的数字对应于移位寄存器的第几级,不是次方。G_1 与 G_2 移位寄存器与X1历元同步置为全“1”状态。时间基准源产生的10.23 MHz,1.023 MHz 和X1历元(1.5 s)为周期的脉冲相互同步,以保证帧、子帧、C/A码、P码相互同步。

C/A码是两个 m 序列 G_1 和 G_2 经模2相加(即波形相乘)得到的乘积码,亦称Gold序列,可表示为

$$C/A_i(t)=G_1(t)G_2(t+N_it_0) \tag{3-4}$$

式中

$$N_i=1,2,\cdots,(2^{10}-1)$$

$$1/t_0=1.023\ \text{MHz}$$

因此,加上 G_1 和 G_2 本身,总共有1 025个不同结构的C/A码,i 对应于卫星,所以每颗卫星发射惟一一组C/A码。

P码的产生原理与C/A码相同。P码的码率为10.23 MHz,周

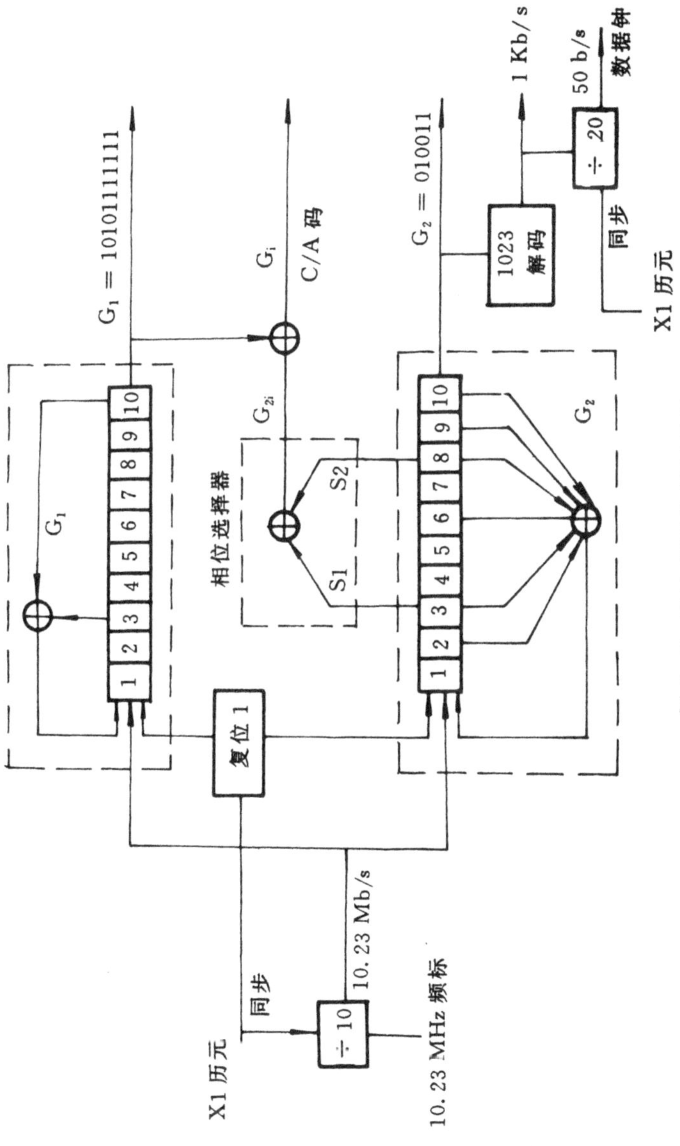

图 3-7　C/A 码产生器原理图

期为一星期，在一周期中的码片数为

$$10.23 \times 10^6 \times 7 \times 24 \times 3\,600 = 6\,187\,104 \times 10^6$$

产生 P 码的原理方块图如图 3－8 所示。图中 X_1 码和 X_2 码均为 PRN 码，它们各由两个 12 级线性反馈移位寄存器的截短 m 序列的乘积码组成。X_1 码的周期为 1.5 s，码率为 10.23 MHz，一周期中码片数为 N_1

$$N_1 = 10.23 \times 10^6 \times 1.5 = 15.345 \times 10^6$$

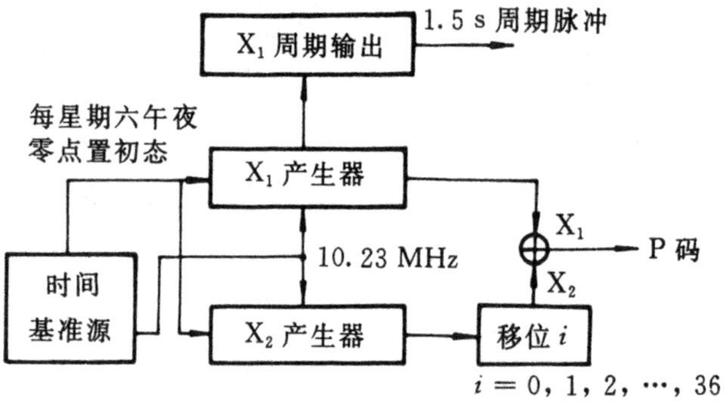

图 3－8　产生 P 码的原理图

X_2 码的周期选择得比 X_1 略长一些，码率也为 10.23 MHz，一周期中的码片数为 N_2，即

$$N_2 = 15.345 \times 10^6 + 37$$

由于 X_1，X_2 码在一周期中的码片数互素，所以 X_1 和 X_2 的乘积码 X_1X_2 一周期的码片数 N 为

$$N = N_1N_2 = (15.345 \times 10^6 + 37)\times(15.345 \times 10^6) = 235\,469\,592\,765\,000 \text{ bit}$$

相应的周期为

$$T = \frac{N}{10.23 \times 10^6 \times 86\,400} = 266.4\text{ 天} = 38\text{ 星期}$$

乘积码 $X_1(t)X_2(t+n_i t_0)$，t_0 为码片宽度，$1/t_0=10.23$ MHz。n_i 可取 0，1，2，…，36，共 37 种数值，因而可得 37 种乘积码。截取乘积码中 $t=0$ 至一星期的一段，得到 37 种不同结构，周期为一星期的 P 码。应当指出，它们都是周期约为 38 星期的乘积码 $X_1(t)X_2(t)$ 上互不重叠的部分码段。每颗 GPS 卫星使用 37 种中的一种 P 码，每颗卫星使用的 P 码互不相同，以实现码分多址。

每星期六午夜零点给 X_1 和 X_2 发生器置初态，此后经历 $6\,187\,104\times10^6$ 个状态，即经过准确的一星期，再回到初态，如此一直重复循环下去。1.5 sX1历元周期脉冲用来使帧、子帧、C/A 码和 P 码同步。我们解释一下 X1历元与 X2 历元的含义。X1历元 $=15\,345\,000$ bit/10.23 Mb $\cdot$ $s^{-1}=1.5$ s，X2历元 $=15\,345\,037$ bit/10.23 Mb/s $=1.500\,003\,617$ s。历元是时间原点的意思，可看做是周期。

现在把 C/A 码与 P 码的特性综述如下：C/A 码是由两个 10 级线性反馈移位寄存器产生的 m 级序列 G_1 和 G_2 模 2 相加产生的复合序列。C/A 码周期短（1 ms），码率低（1.023 MHz），码长小（1 023 bit），不同结构的码类较少，因而抗干扰性及保密性较差，测距精度较低，用做粗测距的民用码。但由于它周期短，码率低，对其搜捕所需的时间少（约 82 s），因而把它用做搜捕码，以便快速捕捉卫星信号。C/A 码的码长相应为 299.792 km，因此，用C/A 码测距，在 300 km 内无模糊度问题。P 码则是由 4 个 12 级线性反馈移位寄存器输出的 m 序列的截短序列 X_{1A}，X_{1B}，X_{2A} 和 X_{2B} 模 2 相加产生的复合序列。P 码周期长（7 天），码率高（10.23 MHz），码长大（$6\,187\,104\times10^6$ bit），码类多，因此用做精测距、抗干扰及保密的军用码。P 码的码元宽度为 0.098 μs，相当于距离 29.3 m，所以，若码元对准误差采用码元宽的 1/10 ～ 1/100 时，则测距误差约为 2.93 ～ 0.293 m，仅为 C/A 码的 1/10。P 码的码长相应为 $1.819\,008\,5\times10^{11}$ km，因此，实际上可进行无模糊测距。由于P码很长，不容易捕获，故须利用C/A码进行捕获。

3.1.3　信号调制

带有导航信息的编码脉冲 $D(t)$ 先调制到伪码（P码和C/A码）上，然后对L波段的载频 L_1 和 L_2 进行双相调制（BPSK）。由公式(3－1)可见，在载频 L_2 上只调制了一种伪码（P码），而在载频 L_1 上调制了两种伪码，P码和C/A码，而且是采用正交调制方式进行的，以便分别对P码和C/A码解调。由于对载波信号采用了BPSK调制技术，使其频带变宽，对应P码和C/A码的频带宽度分别为20.46 MHz和2.046 MHz。图3－9示出GPS信号功率谱密度。

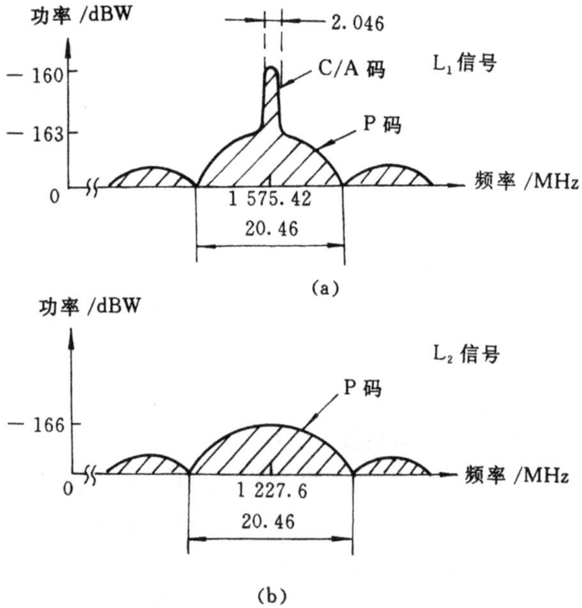

图3－9　GPS信号功率谱密度

将 $D(t)$ 调制到伪码 $P(t)$ 上，即将二者模 2 相加，或波形相乘。乘积码为 $D(t)P(t)$。编码脉冲 $D(t)$ 的频带被扩展，称之为扩频。频谱展宽后，使单位频带内信号功率下降，从而减小了信号被检测和被窃听的可能性。另一方面，要将扩频信号恢复成编码脉冲信号，即解扩，必须在接收机中设置同样结构的伪码作跟踪伪码。

由于卫星发射的输出功率分配在较宽的频带上，当 GPS 接收机接收到这种宽谱信号时，信号的功率低于噪声，但当卫星信号与接收机内部产生的 C/A 码或 P 码（跟踪伪码）相乘时（相关处理），信号功率又再次集中到狭窄的频带上，并且高于噪声，如图 3－10 所示。表 3－3 给出卫星发射功率与地面接收信号的功率。

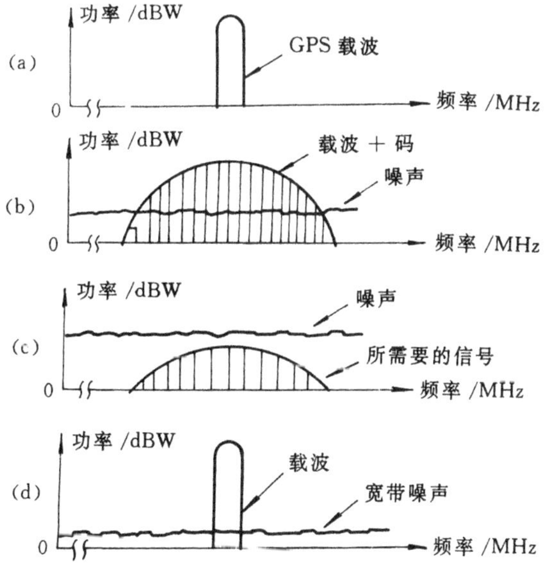

图 3－10 GPS 信号扩展频谱

(a)、(b)— 卫星 (c)、(d)— 接收机

表 3-3 GPS 卫星发射功率

	PRN	信 号
频 率	C/A/dBW	P/dBW
L_1	+26.8	+23.8
L_2		+19.7

地面接收机接收到的信号

	PRN	信 号
频 率	C/A/dBW	P/dBW
L_1	−160	−163
L_2		−166

3.2 导航电文格式

利用 GPS 进行导航和定位时，必须知道 GPS 卫星的瞬间位置。通常得到 GPS 卫星轨道信息的方法有两种：其一称为导航电文信息，也就是常说的标准定位 SPS，导航电文是 GPS 卫星发射的广播电文，它包含卫星预报轨道信息；另一种轨道信息称为精密轨道信息，也就是常说的精密定位 PPS，它是由卫星跟踪台站根据实际卫星观测资料计算得来的。因为精密轨道信息是通过实测值，事后处理得到的，要想得到这种信息需要一定的时间，但这种信息定位精度高。

广播轨道信息主要根据分析解析轨道时刻之前的卫星观测资料，通过求解卫星轨道方程得到未来卫星的轨道参数。所以，这种轨道信息可在进行 GPS 卫星观测时实时得到，这也就是广大用户在导航定位中接收卫星信号所得到的导航电文。因为是通过以前卫星跟踪资料预报得到的轨道信息，所以随时间的推移，预报轨道会偏离实际轨道，导航和定位精度较低。

GPS 导航电文中含有：GPS 时间、卫星钟校正参数、卫星轨道参数、GPS 卫星星历、卫星健康状况和其他信息。导航电文中的 16 个参数描述了 GPS 卫星轨道，如图 2－11 所示。

表 3－4 和 3－5 给出导航电文中主要参数的意义。

表 3－4　导航电文主要参数及其意义

参数	单位	意义
ID		卫星 PRN 编号（识别号）
Week		GPS 周数
TGD	s	总的群延迟时间
AODC		卫星钟参数新鲜程度
t_{oc}	s	卫星钟时间改正历元
af_2	s/s^2	卫星钟多项式模型二次项系数
af_1	s/s	卫星钟多项式模型一次项系数
af_0	s	卫星钟多项式模型常数项系数
AODE	s	卫星星历新鲜程度
t_{oe}	s	轨道预报历元，也就是卫星星历的历元时间
M_0	(°)	平近点角
e		轨道偏心率
$\sqrt{a}$	$m^{1/2}$	长半轴平方根，在 t_{oe} 时的 Kepler 参数
i_0		轨道倾角
Ω_0		右升角
ω_0		近地点幅角

续　表

参 数	单 位	意　　义
Δn		在 t_{oe} 时 M_0 的改正值
$\dot{\Omega}$	(°)/s	在 t_{oe} 时 Ω 的改变速率
$\dot{i}$	(°)/s	轨道倾角 i_0 变化率
C_{ic},C_{is}		轨道倾角校正系数
C_{uc},C_{us}		近地点角校正系数
C_{rc},C_{rs}		地心距离校正系数

表 3-5　卫星历书参数和意义

参 数	单 位	意　　义
e		偏心率
t_{oe}	s	历书基准时间
δ_i	(°)	与 55° 倾角的偏差
$\dot{\Omega}$	(°)/s	右升角变化速率
$\sqrt{a}$	$m^{1/2}$	长半轴平方根
Ω_0		右升角
ω	(°)	近地点幅角
M_0	(°)	平近点角
af_0	s	卫星钟误差常数项
af_1	s/s	卫星钟误差漂移

a、e 和 ω 保持不变.

$$M = M_0 + N(t - t_{oe})$$
$$i = 55° + \delta_i \tag{3-5}$$
$$\Omega = \Omega_0 + \dot{\Omega}(t - t_{oe}) - \omega_e t_{oe}$$

式中　N —— 卫星在轨道上运动的角速度，rad/s；

ω_e —— 地球自转角速度，取 $7\ 292\ 115 \times 10^{-11}$ rad/s。

在卫星历书中，卫星钟校正模型由下式给出：

$$\Delta t_{SV} = af_0 + af_1(t - t_{oe}) \tag{3-6}$$

从表3-4中可以计算GPS卫星在WGS84坐标系中的位置。而从表3-5中可以计算几何精度衰减因子GDOP，以帮助我们选择要跟踪的卫星，从而获得最佳的卫星几何分布和最佳的测量精度。

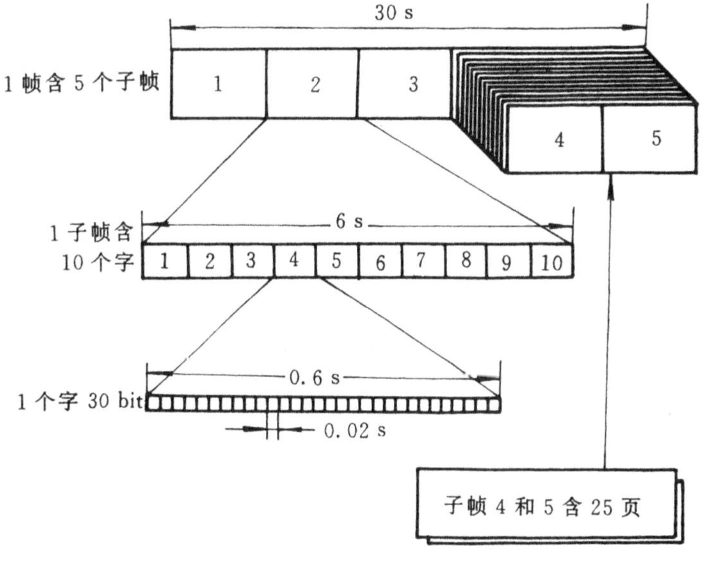

图3-11　导航电文的格式

导航电文格式如图3-11所示。导航电文的码率是50 b/s。每

30 s 重复一次数据。也就是说，一帧共有 1 500 bit，30 s 为一周期。一帧分为 5 个子帧，每个子帧 6 s 含 300 bit。更进一步，每个子帧各有 10 个字码，每个字码含 30 bit。因此，接收机至少需要 30 s 锁住卫星。

导航电文的每个子帧用遥测字 TLM 开头，含有同步方式和一些遥测数据，这是控制部分所需要的。因此，标准的 GPS 接收机不能访问 TLM。每个子帧的第二个字是转换字 HOW，它含有时间信息。在子帧识别号之后是一个整数，叫 1/4Z 计数，乘以 4 为下一个子帧开头的 Z 计数。若知道了 Z 计数，则 Z 计数 × 37 就可以给出该 X1历元时刻 X_1 与 X_2 的码元差。若进一步知道 X_1 和 X_2 两个 PRN 码，我们就可以知道 1 周长的 P 码现在已到了什么位置。因此，HOW 使得接收机可以从 C/A 码跟踪切换到 P 码上。第 4 和第 5 子帧在电文中重复 25 次，因此总的信息分 25 页，接收机要想获得完整的导航电文，就需要 12. 5 min 的时间。第 4 子帧的许多页保留给美国军方使用，其余各页含有电离层修正参数、UCT 数据、历书数据和各种标志等。第 5 子帧各页主要给出在轨 GPS 卫星星历数据和健康状况。所有各页均在每颗 GPS 卫星的导航电文中，所以只追踪一颗卫星就能得到所有卫星的历书数据。导航电文中每个字的最后 8 bit 是空白 (2 bit) 和奇偶检验 (6 bit)。下面介绍各子帧的内容：

1. 子帧 1

每 30 s 重复一次，它含有卫星钟校正参数、卫星健康状态参数和 AODC 字等下列信息：

(1) 周数 WN (周)：表示当前 GPS 时间周日的周数。

(2) L_2 识别码：指出 L_2 上调制的是 P 码还是 C/A 码，目前仅有 P 码。

(3) L_2 的 P 码数据标志：指出导航电文是否调制在 L_2 的 P 码上。

(4) 卫星精度：向非受权用户指出，当使用双频电离层校正时，预测的卫星用户距离精度 URA。URA 是控制部分在电文注入前，根据几个小时的卫星跟踪所获得的数据进行处理得到的。但是，C/A 码用户必须考虑使用电离层校正模型代替双频测量后产生的附加误差。

(5) 卫星健康：指出卫星信号和导航电文的健康状况，附加的健康数据在子帧 4 和 5 中给出。

(6) AODC (s)：表示卫星钟校正参数的新鲜程度 (Age Of Data, Clock)。同时也为用户提供了一种检验数据变化的简便方法。$AODC = t_{oc} - t_D$，t_D 是估计卫星钟校正参数的最近一次测量更新时间，t_{oc} 下面解释。

(7) 估计的群延迟差 TGD (s)：这是一个校正项，向单频用户提供卫星信号 $L_1 - L_2$ 的群延迟差，其值不超过 15 ns。此项用在给定的算法中，以确定数据发射时刻 (GPS 时间)，卫星 PRN 码相位相对卫星天线相位中心的偏移。因此，不适用于双频用户。

(8) 卫星钟校正参数：含有卫星钟校正模型中二次多项式系数的参数值 (af_2, af_1, af_0)，其意义见表 3-4。

设卫星钟偏离 GPS 系统时间的误差为 $\Delta t_{SV}(t = t_{SV} - \Delta t_{SF})$，则

$$\Delta t_{SV} = af_2 + af_1(t - t_{oc}) + af_0(t - t_{oc})^2 \qquad (3-7)$$

式中 t 是 GPS 系统时间。

(9) t_{oc}(s)：卫星钟参考历元时间，最大值为 604 784 s。

2. 子帧 2 和 3

这两个子帧每 30 s 重复一次，含有卫星星历参数，这些参数是 Kepler 轨道元素的扩展，用以描述在电文参数发射期间的卫星轨道，见表 3-4。部分参数解释如下：

(1) 星历数据：这是用户使用给定的算法计算卫星在空间的位置所必要的数据，各参数意义见表 3-4。

(2) AODE：可以向用户提供检验卫星星历参数有任何变化的一种简便方法。由于卫星星历出现在两个子帧中，AODE也是子帧 2 和 3 之间的纽带。当用户收集不同时间的子帧时，AODE 可以保证其一致性。AODE $= t_{oe} - t_D$，解释参见上面 AODC。

(3) UERE：用户等效距离误差 (UERE) 可用来检查卫星向用户提供的用户距离数据的质量。

3. 子帧 4 和 5

这两个子帧每个有 25 页，因此每 30 s 出现一次，但不重复，每页所含的内容如下：

子帧 4 含有下列信息：

(1) 页号 1,6,11,16,21 保留。

(2) 页号 2,3,4,5,7,8,9 和 10 分别含有编号 25 到 32 的历书数据，参数和意义见表 3－5。

(3) 页号 12,19,20,22,23 和 24 保留。

(4) 页号 13,14,15 空闲。

(5) 页号 17：特殊信息，包括 22 个 8 位的 ASCII 字符，主要用于空间命令。

(6) 页号 18：电离层模型参数和 UTC 数据。电离层模型有 8 个参数，允许单频用户补偿电离层延迟。UTC 数据使用户能把 GPS 时间转化成 UTC，电离层和 UTC 的介绍在后面各章进行。表 3－6 给出了 GPS 和 UTC 时间之间关系的参数及其意义。

GPS 和 UTC 时间的关系用下式定义为

$$t_{UTC} = (t_E - \Delta t_{UTC}) \mathrm{MOD} 80400 \tag{3-8}$$

t_E 是用户接收机估计的 GPS 系统时间，在每周内计算，而

$$\Delta t_{UTC} = \Delta t_{LS} + A_0 + A_1 (t_E - t_{oe} + 604\,800\,(WN - WN_t)) \tag{3-9}$$

(7) 页号 25：32 颗卫星的 A—S (反欺骗) 标志，以及卫星编号 25 ～ 32 的健康数据。

表 3-6　GPS 和 UTC 时间关系参数及其意义

参数	单位	意　　义
A_0	s	一次多项式模型常数项
A_1	s/s	一次多项式模型一次项
Δt_{LS}	s	闰秒
t_{oe}	s	UTC 数据历元时间
WN_t	周	UTC 历元时间周数
WN_{LS}	周	闰秒发生时的周数
DN	天	闰秒发生时的一周内天数
Δt_{LSF}	s	将要发生的闰秒引起的延迟

子帧 5 含有下列信息：

(1) 页号 1～24：卫星编号 1～24 的历书数据。

(2) 页号 25：卫星 1～24 的健康数据。

电离层数据允许 L_1 或 L_2 用户使用给定的方式补偿电离层延迟；UTC 数据使得用户能把他收到的 GPS 时间转换成 UTC 时间；特殊信息是按照空间命令广播的，含有多达 22 个 8 bit 的 ASCII 字符；子帧 4 和 5 含有每颗卫星的健康数据，由于这些健康数据是在不同时间加载的，它们可能与子帧 1 的健康数据不同，历书数据是钟和电文参数精度有所衰减的卫星星历子集，卫星历书数据由地面控制部分至少每隔 6 天加载一次。

3.3　由导航电文计算卫星位置

利用 GPS 进行导航和定位的基本导航方程是

$$\sqrt{(X-X_i)^2+(Y-Y_i)^2+(Z-Z_i)^2}+cT=R_i$$

$$i=1,2,3,4 \tag{3-10}$$

式中 X,Y,Z —— 待求的用户位置；

X_i,Y_i,Z_i —— 卫星位置坐标；

c —— 光速；

T —— 接收机钟误差；

R_i —— 用户到接收机 i 的伪距。

因此，首先要知道卫星的位置，才能求解上面的方程。从导航电文所提供的参数，就可得到卫星在 WGS84 坐标系中的位置。下面给出计算方法：

常数

$\mu=3.986\,008\times10^{-5}\ \mathrm{m^3/s^2}$ 地球引力常数

$\omega_e=7.292\,115\,147\times10^{-5}\ \mathrm{rad/s}$ 平均地球自转速度

$\pi=3.141\,592\,635\,898$

$a=(\sqrt{a})^2\ \mathrm{m}$ 轨道长半轴

e 偏心率

$n=\left(\sqrt{\dfrac{\mu}{a^3}}\right)\ \mathrm{rad/s}$ 卫星平均速度

$n=n_0+\Delta n\ \mathrm{rad/s}$ 校正后的卫星平均速度

v_k 视近点角

$t_k=t-t_{oe}$ 从历元时间 t_{oe} 算起的时间

$M_k=M_0+nt_k$ t_k 时刻的平近点角

$E_k=M_k+e\sin E_k$ Kepler 方程，求解偏近点角 E_k

$$v_k=\arctan\left(\frac{\sin v_k}{\cos v_k}\right)=\arctan\left[\frac{\sqrt{(1-e^2)}\sin E_k}{\cos E_k-e}\right]$$ 视近点角

$E_k = \arccos\left(\dfrac{e + \cos v_k}{1 + e\cos v_k}\right)(1 + e\cos v_k)$　偏近点角

$\varphi_k = v_k + \omega_0$　卫星纬度

$\delta_{uk} = C_{us}\sin 2\varphi_k + C_{uc}\cos 2\varphi_k$　纬度校正

$\delta_{rk} = C_{rs}\sin 2\varphi_k + C_{rc}\cos 2\varphi_k$　半径校正

$\delta_{ik} = C_{is}\sin 2\varphi_k + C_{ic}\cos 2\varphi_k$　轨道倾角校正

$u_k = \varphi_k + \delta_{uk}$　校正后的纬度

$r_k = a(1 - e)\cos E_k + \delta_{rk}$　校正后的半径

$i_k = i_0 + \delta_{ik} + i \times t_k$　校正后的倾角

$x_k = r_k\cos(u_k)$

$y_k = r_k\sin(u_k)$　卫星在轨道面上的坐标

$\Omega_k = \Omega_0 + (\Omega - \omega_e) \times t_k - \omega_e \times t_{oe}$　改正的右升角赤经

$X = x_k\cos\Omega_k - y_k\cos i_k \sin\Omega_k$

$Y = x_k\sin\Omega_k + y_k\cos i_k \cos\Omega_k$　地固坐标系坐标

$Z = y_k\sin i_k$

t 是电文发射时刻的GPS时间加传输时间。t_k 是时间 t 和历元时间 t_{oe} 之间的总时间差，并从每周开始到周末计算。如果 t_k 大于302 400 s，则从 t_k 中减去604 800 s，即 $t_k - 604\ 800$。如果 t_k 小于302 400 s，则从 t_k 中加604 800，即 $t_k + 604\ 800$。

3.4　GPS接收机的工作原理和类型

卫星发射的信号用式(3-1)表示，含有三组成分(L_1, C/A, D)，(L_1, P, D)和(L_2, P, D)。GPS接收机信号处理的目的就是要恢复这些信号分量，包括重构载波和解译信息码以获得卫星钟读数和导航电文，并进行导航计算。

3.4.1　伪码扩频

GPS卫星播发的导航信息，采用不归零的二进制码，把信息

变成编码脉冲 $D(t)$，称为基带信号。二进制码位宽度 $T = 20$ ms，因此，基带信号的带宽 $\Delta F = 1/T = 50$ Hz。设伪随机码为 m 序列 $P(t)$，码率为 $f_0 = 10$ MHz，相应的码片宽度 $t_0 = 0.1$ μs。将 $D(t)$ 调制到 $P(t)$ 上，即将二者模 2 相加，或波形相乘。乘积码为 $D(t)P(t)$，其带宽 $\Delta f = \frac{1}{t_0} = 10$ MHz。可见，基带信号 $D(t)$ 的频带被扩展，称之为扩频。

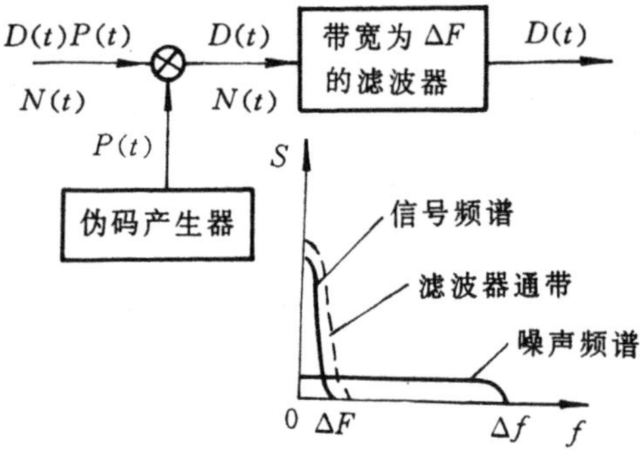

图 3-12　相关接收电路

利用伪码优良的相关特性及可复制性，对扩频信号进行相关接收。图 3-12 为相关接收电路，它可大大改善接收信号的信噪比。电路的输入端除信号 $D(t)P(t)$ 外，还有干扰噪声 $N(t)$。当信号 $D(t)P(t)$ 与本地跟踪伪码 $P(t-\tau)$ 在乘法器中相乘时，若本地伪码 $P(t-\tau)$ 与接收伪码相对位移 τ 为零，则乘法器输出为 $D(t)P(t)P(t)$，因 $P(t)P(t) = 1$，所以 $D(t)P(t)P(t) = D(t)$。然后通过带宽为 $\Delta F = 50$ Hz 的滤波器就可把信号 $D(t)$ 滤出。在相关接收过程中，频带扩展的信号 $D(t)P(t)$ 被恢复为原来的基带信号 $D(t)$，这称为解扩。对于干扰噪声 $N(t)$，当它与本地伪码 $P(t)$ 相乘时得 $N(t)P(t)$，其频带并不像信号 $D(t)P(t)$ 与本地伪码 $P(t)$ 相乘后，被压缩到 $\Delta F = 50$ Hz，而是被扩展到 $\Delta f = 10$ MHz。

干扰噪声能量将分布于 Δf 中，经过带宽为 ΔF 的滤波器滤波，则通过的干扰噪声能量仅为输入端干扰噪声能量的 $\Delta F/\Delta f$ 倍。所以相关接收电路输出端功率信噪比 (S/N) 和输入端功率信噪比 (S/N) 的关系为

$$\left(\frac{S}{N}\right)_{出} = \left(\frac{S}{N}\right)_{入}\frac{\Delta f}{\Delta F} \tag{3-11}$$

由式(3-11)可见，采用扩频方法，特别是当伪码码率很高时(例如采用精密定位 PPS)，可以大幅度改善信噪比。如 $\Delta F = 50$ Hz，$f_0 = 10$ MHz，改善程度达 53 dB。这种接收方式对多路径干扰，不希望被接收的卫星信号干扰，甚至有意施放的人为干扰均能有效抑制。

3.4.2　伪码测距

图 3-13 为伪码延时锁定环路原理图。伪码测距的基本原理是，利用一伪码延时锁定环路(DLL，简称码跟踪环)使本地的跟踪伪码在时间上和接收到的伪码对准，再将跟踪伪码和本地的基准伪码对比得到时差。若驱动本地伪码的用户时钟和卫星钟同步，测得的时差即为电波自卫星到用户的传播延时，相应于得到卫星与用户之间的真实距离。若用户时钟和卫星钟不同步，则测得伪距离。

设伪码为 m 序列并将其相关函数简化成图 3-14 所示。延时锁定环路中的鉴相器是由两条相关接收支路及相减电路组成。两条支路除输入的跟踪伪码相对移了一个码位 t_0 外，全都相同。由于两条跟踪伪码相对移位为 t_0，两支路相关函数的波形也相对移了一个码位宽度 t_0。两支路相关函数之差即鉴相器的鉴相特性，如图 3-14 所示。鉴相特性线性部分的斜率为 $2/t_0$。

用户接收机天线接收到 GPS 信号，经混频、滤波和中放后，得到中频 GPS 信号，$D(t-\tau)P(t-\tau)$ 表示伪随机码信号，τ 为电波

传播延时。

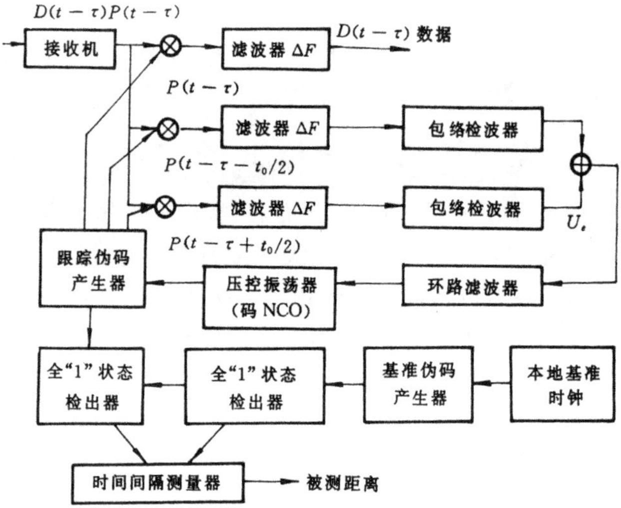

图 3-13 伪码锁定环(DLL)原理图

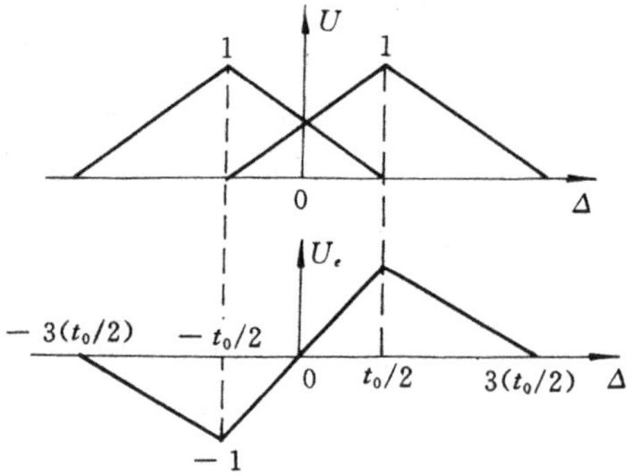

图 3-14 鉴相器的鉴相特性

若跟踪伪码 $P(t-\tau')$ 与接收机信号 $D(t-\tau)P(t-\tau)$ 在时间上是对准的，即 $\tau'=\tau$，鉴相器将无误差电压输出，若二者在时间上相差 $\Delta(\Delta=\tau'-\tau)$，则鉴相器输出的误差电压为

$$U_e = \frac{2}{t_0} K\Delta, \quad |\Delta| \leqslant \frac{t_0}{2} \tag{3-12}$$

式中 K 为由电路决定的常数。

由式(3-12)可见，误差电压的大小比例于时间偏差 Δ，误差电压的正负取决于偏差的方向(即跟踪伪码在时间上超前还是滞后于接收到的伪码)。误差电压通过环路滤波器加到压控振荡器，振荡器产生附加相移，使跟踪伪码产生器产生的伪码在时间上和接收伪码对准。由于相关接收支路有很强的抑制噪声和干扰的能力，带有窄带环路滤波器的闭环跟踪环路进一步改善信噪比，使这种跟踪环路能达到 $t_0/10$ 或更高的跟踪精度。伪码码率越高，跟踪精度也越高。

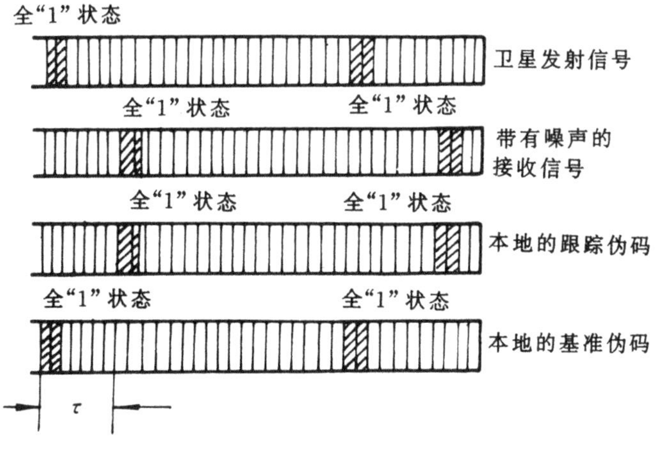

图 3-15 传播延时测量

图 3-13 的伪码测距是以伪码的全“1”状态作为时间标记点。如图 3-15 所示，比较跟踪伪码和基准伪码的全“1”状态起点就可以测得传播延时。也可以用比较调制在伪码上的特定时间标记点来测量传播延时。在 GPS 系统中，正是通过测定调制在伪码上的

各子帧的同步头起点来取得传播延时数据。

当接收信号被锁定时，图3-13中第一支路的本地跟踪伪码和接收信号中伪码在时间上对准，乘法器输出为

$$D(t-\tau)P(t-\tau)P(t-\tau)=D(t-\tau)$$

此信号经窄带滤波器，输出信号即是编码脉冲形式的基带信号，这就是数据的解扩。应当指出，当讨论伪码测距时，为了突出伪码延时锁相的原理，在给出的原理方块图中，有意避开了载波锁定问题，实际上只有进行载波相位锁定，得到基准相位，才能对调相信号解调，得到基带信号。

3.4.3 导航信号解调

卫星发射的导航信号是扩频 BPSK 信号，所以接收端只有经解扩、解调才能恢复基带信号。图 3-13 中由伪码延时锁定环输出的 BPSK 调制信号可利用 载波锁定环路(PLL，又称 Costas 环)实现载波相位同步，从而解调出 GPS 导航电文(见图 3-16)。

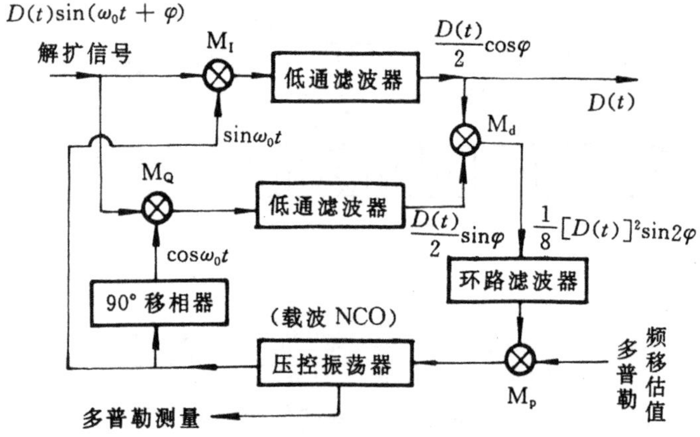

图 3-16 载波锁定环(PLL)原理图

载有导航数据码的中频载波信号

$$U_d = D(t)\sin(\omega_0 t + \varphi)$$

分离为两路，分别送到同相乘法器 M_I 和正交乘法器 M_Q。压控振荡器的振荡信号为 $U_0 = \sin\omega_0 t$ 和 $U_0' = \cos\omega_0 t$（为讨论简便，设其振幅为1），它们也分别送到 M_I 和 M_Q。两组信号相乘后，得到

$$U_I = \frac{1}{2}D(t)[\cos\varphi - \cos(2\omega_0 t + \varphi)] \qquad (3-13)$$

$$U_Q = \frac{1}{2}D(t)[\sin\varphi + \sin(2\omega_0 t + \varphi)] \qquad (3-14)$$

上述信号经过低通滤波器滤除中频信号分量后分别变成

$$U_I' = \frac{1}{2}D(t)\cos\varphi \qquad (3-15)$$

$$U_Q' = \frac{1}{2}D(t)\sin\varphi \qquad (3-16)$$

此两信号在鉴相器 M_d 上相乘，输出的误差信号为

$$\frac{1}{2}D(t)\cos\varphi\frac{1}{2}D(t)\sin\varphi = \frac{1}{8}D^2(t)\sin 2\varphi \qquad (3-17)$$

误差信号经环路滤波器和环路乘法器 M_p 的滤波和补偿作用，送到压控振荡器（载波NCO），用以调节压控振荡器的频率。当其频率锁定在中频GPS信号的中心频率上时，$\varphi = 0$。这就叫做载波锁定环路的相位锁定，达到了跟踪载波的目的。在载波锁定后，$\varphi = 0$，经同相乘法器 M_I 再经低通滤波输出的信号，就是一个纯净的数据码 $D(t)$，进而解译得GPS卫星所发送的导航电文，实现了导航信号的解调。载波NCO输出的频率包含有多普勒频移值，从载波锁定环可提取与多普勒频移相应的伪距变化率。

3.4.4 GPS接收机的基本工作原理

GPS接收机的简化原理方块图如图3-17所示。全向圆极化天线接收卫星发射的频率为 $f_1 = 1\ 575.42$ MHz 和 $f_2 = 1\ 227.60$ MHz 的扩频导航信号，经前置放大后进行变换。前置放大器是宽

带低噪载频放大器，用来改善信噪比。接收通道采用多次变频的方法，这是因为从卫星接收的信号很弱，多次变频可使接收通道得到稳定的高增益。变频器把射频信号变成中频信号，经放大、滤波送给伪码延时锁定环路和载波锁定环路。对信号进行解扩、解调，得到基带信号。从载波锁定环路提取与多普勒频移相应的伪距变化率。从伪码延时锁定环路提取伪距。参考振荡器和频率综合器产生需要的各种本地振荡信号。导航定位计算部分从基带信号中译出星历、卫星时钟校正参量、大气校正参量、时间标记点和历书等。用这些参数结合伪距和伪距变化率，以及一些初始数据(例如用户初始估计位置、速度以及它们的方差等)，进行用户位置和速度的计算，以及最佳导航星的选择计算和搜索跟踪控制等工作。

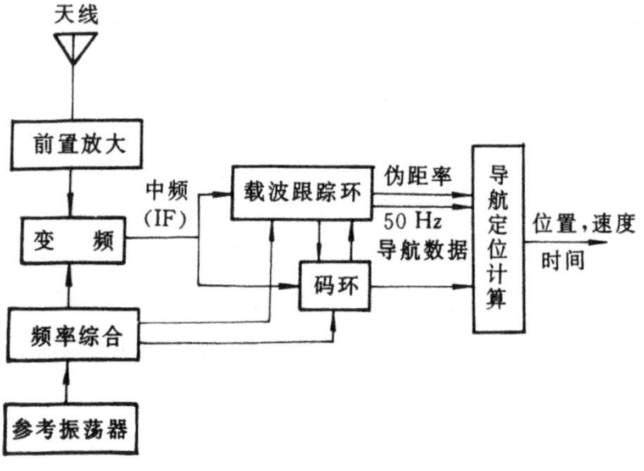

图 3-17 GPS 接收机简化框图

接收机的工作过程如下：

1. 选择卫星

从可见星(4～9 颗)中选择几何关系最好的 4 颗星。因此用户必须预先知道 24 颗卫星的粗略星历，若刚投入使用而没有这种数据，用户就须搜捕卫星信号。只要捕获并跟踪到1颗卫星的信号，便可从其第5子帧取得24颗卫星的粗略星历。一旦有了这些数据，再根据用户自身的估计位置，计算机就可按卫星仰角大于5°，对用户而言卫星相互张开角度都较大的原则，选出4颗卫星。

2. 搜捕和跟踪被选卫星的信号

信号的搜捕就是检测伪随机码自相关输出的极大值，通常是采用相关试探的方法进行搜捕。其具体步骤是，先选某一初相的本地码与所接收的卫星码进行相关检测，如果这时相关输出为低电平，则移动本地码(通常移动半个码元)，再看相关输出的电平，如果仍为低电平，则再次移动本地码，直到取得最大相关输出(高电平)。尽管这一过程是由电路自动搜索和检测的，但考虑到自相关函数是通过积分运算后输出的，本地码不能移动过快，否则将会漏掉相关输出的峰值。这种相关探测最多可能进行$2N$次(N是伪随机码码长)，当所使用的伪随机码码长很长时，所需花费的时间是相当可观的。这就是所谓捕获时间问题。

前面已经提到，C/A码的码长为1 023 bit，周期为1 ms，是一种较短的码，它可以使用自动搜索检测自相关函数峰值的方法，一般最多需90 s即可完成码的捕获；P码是一组长码，码长为2×10^{14}量级，如果采用这种试探搜捕的方法，它所需要的捕获时间将是很长的。信号搜捕中，当码环和载波环都锁住卫星信号，也就是接收机完成跟踪时，可以从载波信号上解译导航电文，通过读导航电文的HOW字符可以获得P码的状态信息，即先由C/A码跟踪，而后转换为捕捉P码。

由于所选卫星及用户本身粗略位置已知，搜捕信号时不必一位码一位码地从头到尾进行搜捕，只要在大概知道的卫星到用户的距离左右搜捕即可。一旦卫星信号被捕获并进入跟踪，即可解调出卫星星历、卫星时钟校正参量和大气校正参量等数据。

3. 测量伪距离并进行修正

利用时间标记和子帧计数测量出用户和卫星之间的伪距离，并用 f_1 和 f_2 测得的伪距差对其进行大气附加延时的修正。只用 C/A 码的接收机无法进行此项大气附加延时的修正。

4. 定位计算

计算机根据星历、卫星时钟校正参量、修正后的伪距离及初始装订的数据等，采用经典导航定位算法或卡尔曼滤波定位算法，由 4 颗卫星定出用户的位置。

3.4.5 GPS 接收机的类型

GPS 接收机按其通道类型进行分类有码相关通道接收机、载波平方通道接收机和码相位通道接收机。第一种接收机又可以进一步分为 C/A 码接收机和 P 码接收机，后两种又称为无码接收机。若按所接收的载波频率信号，也可划分为单频(L_1)接收机和双频(L_1 和 L_2)接收机。这里，我们把接收机按其通道的工作方式划分为三类，原理上它们均可跟踪 L_1 或/和 L_2 信号，解译 C/A 码和 P 码，并确定用户位置、速度和时间(PVT)，以及其他附加的导航参数。

1. 多通道连续跟踪的接收机

这种接收机至少有 4 个通道，可连续跟踪 4 颗或更多的 GPS 卫星，每颗卫星分配一个通道，能连续对 50 b/s 的导航数据进行访问和解译。附加的通道可完成许多功能，包括双频电离层延迟测量，进行通道间偏差校正，以及跟踪天空的所有卫星，便于选择下一颗最佳配置的卫星。这种接收机可工作在高动态下，初次定位时间(TTFF)短，抗干扰能力强，但价格贵，它适用于航空、航天和导弹制导等高动态应用环境中。

2. 时序接收机

一般采用单通道或双通道，按时间分割法依次实现对各个卫星的跟踪、导航电文的提取和伪距测量。这种接收机的优点是价格低、耗电少、体积小；缺点是动态跟踪能力差、抗干扰能力弱、初次定位时间（TTFF）长。

3. 多路复用接收机

这是一种单通道多路复用接收机。它能同时接收多颗卫星的信号，而共用同一通道，以此来抵消通道间的时延差别。它能准同步观测几颗卫星。

上述多通道连续接收机、时序接收机和多路复用接收机之间的比较常用下面3个指标：

（1）初始定位时间（TTFF）；

（2）动态工作范围；

（3）干扰信号比（Jammer—to—Signal Ration）。

表3-7　接收机特性

接收机类型	TTFF/min	动态特性/*g*	干扰信号比/dB
连　续	1.3	10	—10
时　序	4.0	1	—11
多路复用	2.5	4	—16

TTFF是指GPS接收机开机后第一次成功定位所需要的时间。由表3-7看出，多通道连续接收机需要1.3min就能成功地完成第一次定位，时序接收机需要大约4min，多路复用接收机需要大约2.5min。对于民用，这些指标是可以接受的。但对于军用，特别是潜艇导航或高动态的飞行器，长时间的TTFF是不能允许的。

干扰信号比是接收机抗干扰性的一个量化指标，如多通道连续接收机的干扰信号比取—10dB，与之相比，时序接收机和多路复用接收机分别为—11dB和—16dB。因而，多路复用接收机通常不适合用于有敌方干扰的车载和机载环境中。

动态工作范围是接收机工作环境的一个量化指标，它指明了接收机可工作的加速度和速度不确定环境。一个设计完好的多通道连续接收机可成功地工作在 $10g$ 动态环境下，多路复用接收机（$4g$）可用于海上和空中机群导航，时序接收机（$1g$）可用于陆地车辆的动态定位。

若按动态性能分类，接收机基本上有三类：X 型接收机是一种高动态应用的接收机，适用于高速飞行的载体，如战斗机、导弹和飞船；Y 型接收机是中动态应用的接收机，适用于速度为 400km/h 以下的民用飞机；Z 型接收机是低动态应用的接收机，主要用于地面车辆、徒步或定点的定位。

第四章　GPS 观测方法及数学模型

从原理上讲,GPS 观测的是距离。通过所测量到的距离与位置之间的关系,反推出所要确定的位置在 WGS84 坐标中的三维坐标。对于距离的测量,是通过测量信号的传输时间,或测量所收到的 GPS 卫星信号与接收机内部信号的相位差而导出。与大地电子测距系统不同,GPS 使用所谓的单向(one way)方法,须要使用两台钟,一台在卫星上,而另一台在接收机内部。由于两台钟(接收机钟和卫星钟)存在着误差,所测量的距离也有误差,因此,这种距离称为“伪距”(Pesudo Range)。

GPS 提供的信息,不仅可以利用伪随机码测量伪距,还可以利用载波信号,进行载波相位测量和积分多普勒测量,用来定位。载波相位测量具有很高的定位精度,广泛用于高精度测量定位。积分多普勒测量所需观测时间一般较长,精度并不很高,故未获广泛应用。

4.1　GPS 定位的基本概念

4.1.1　绝对定位

绝对定位也叫单点定位,通常是指在协议地球坐标系中,直接确定观测站相对于坐标系原点(地球质心)绝对坐标的一种定位方法。“绝对”一词,主要是为了区别后面将要介绍的相对定位方法。绝对定位与相对定位,在观测方式、数据处理、定位精度以及应用范围等方面均有原则区别。

利用GPS进行绝对定位的基本原理，是以GPS卫星和用户接收机天线之间的距离(或距离差)观测量为基础，并根据已知的卫星瞬时坐标，来确定用户接收机天线所对应的点位，即观测站的位置。

由于GPS采用了单程测距原理，同时卫星钟与用户接收机钟，又难以保持严格同步，所以，实际观测的测站至卫星之间的距离，均含有卫星钟和接收机钟同步差的影响(故习惯上称之为伪距)。关于卫星钟差，我们可以应用导航电文中所给出的有关钟差参数加以修正，而接收机的钟差，一般难以预先准确地确定。所以，通常均把它作为一个未知参数，与观测站的坐标在数据处理中一并求解。因此，在1个观测站上，为了实时求解4个未知参数(3个点位坐标分量和1个钟差参数)，便至少需要4个同步伪距观测值。也就是说，至少必须同时观测4颗卫星(见图4-1)。

应用GPS进行绝对定位，根据用户接收机天线所处的状态不同，又可分为动态绝对定位和静态绝对定位。

在用户接收设备安置在运动的载体上，并处于动态的情况下，确定载体瞬时绝对位置的定位方法，称为动态绝对定位。动态绝对定位，一般只能得到没有(或很少)多余观测量的实时解。这种定位方法，被广泛地应用于飞机、船舶以及陆地车辆等运动载体的导航。另外，在航空物探和卫星遥感等领域也有着广泛的应用前景。

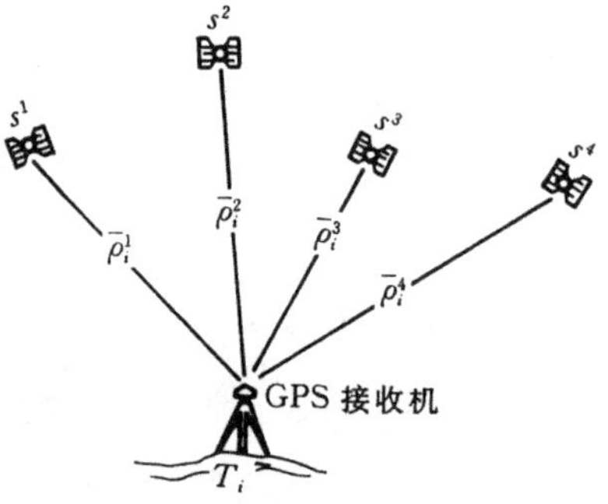

图4-1 GPS绝对定位(或单点定位)

在接收机天线处于静止状态的情况下，用以确定观测站绝对坐标的方法，称为静态绝对定位。这时,由于可以连续地测定卫星至观测站的伪距,所以可获得充分的多余观测量,以便在测后,通过数据处理提高定位的精度。静态绝对定位方法,主要用于大地测量,以精确测定观测站在协议地球坐标系中的绝对坐标。

目前,无论是动态绝对定位或静态绝对定位,所依据的观测量都是所测卫星至观测站的伪距,所以,相应的定位方法,通常也称为伪距法。

因为,根据观测量的性质不同,伪距有测码伪距和测相伪距之分,所以,绝对定位又可分为测码伪距绝对定位和测相伪距绝对定位。

绝对定位的优点是,只需一台接收机即可独立定位,观测的组织与实施简便,数据处理简单。其主要问题是,受卫星星历误差和卫星信号在传播过程中的大气延迟误差的影响显著,定位精度较低。特别是在美国实施 SA 措施以后,SPS 定位精度降至 100 m。但这种定位模式在舰船、飞机、车辆导航、地质矿产勘探、陆军和空降兵等作战中仍有着广泛的用途。

4.1.2 相对定位

在两个或若干个测量站上,设置 GPS 接收机,同步跟踪观测相同的 GPS 卫星,测定它们之间的相对位置,称为相对定位。在相对定位中,至少其中一点或几个点的位置是已知的,即其在 WGS84 坐标系的坐标为已知,称之为基准点。

由于相对定位是用几点同步观测 GPS 卫星的数据进行定位,因此可以有效地消除或减弱许多相同的或基本相同的误差,如卫星钟的误差、卫星星历误差、卫星信号在大气中的传播延迟误差和 SA 的影响等,从而可获得很高的相对定位精度。但相对定位要求各站接收机必须同步跟踪观测相同的卫星,因而其作业组织和实施较为复杂,且两点间的距离受到限制,一般在 1 000 km 以内。

相对定位是高精度定位的基本方法，广泛应用于高精度大地控制网、精密工程测量、地球动力学、地震监测网和导弹火箭等外弹道测量方面。

4.1.3 差分定位(DGPS)

利用GPS进行绝对定位(或单点定位)时，其定位精度，将受到卫星轨道误差、钟差及信号传播误差等诸多因素的影响，尽管其中一些系统性误差，可以通过模型加以削弱，但其残差仍是不可忽略的。实践表明，目前静态绝对定位的精度，约可达米级，而动态绝对定位的精度仅为10～40 m。这一精度远不能满足大地测量、导弹等精密定位的要求。

作为相对定位一种特殊应用的差分GPS定位，是目前GPS定位中精度最高的一种定位方法，它广泛地应用于大地测量、精密工程测量、地球动力学的研究和精密导航。

差分定位的基本方法是：在定位区域内，于一个或若干个已知点上设置GPS接收机作为基准站，连续跟踪观测视野内所有可见的GPS卫星的伪距，经与已知距离对比，求出伪距修正值(称为差分修正参数)，通过数据传输线路，按一定格式播发。测区内的所有待定点接收机，除跟踪观测GPS卫星伪距外，同时还接收基准站发来的伪距修正值，对相应的GPS卫星伪距进行修正。然后，用修正后的伪距进行定位。

因为在两个观测站或多个观测站，同步观测相同卫星的情况下，卫星的轨道误差、卫星钟差、接收机钟差以及电离层和对流层的折射误差等，对观测量的影响具有一定的相关性，所以利用这些观测量的不同组合，进行差分定位，便可有效地消除或减弱上述误差的影响，从而提高定位精度。其实时定位精度可达10～15 m，事后处理的定位精度可达3～5 m。但是差分定位需要数据传播路线，用户接收机要有差分数据接口，一个基准站的控制距离约在

200～300 km 范围。

根据用户接收机在定位过程中所处的状态不同，相对定位有静态和动态之分。

静态差分定位，即设置在基线端点的接收机是固定不动的，这样便可能通过连续观测，取得充分的多余观测数据，以改善定位的精度，如图 4－2 所示 。

静态差分定位，一般均采用载波相位观测值（或测相伪距）为基本观测量。这一定位方法是当前 GPS 定位中精度最高的一种方法，广泛地应用于工程测量、大地测量和地球动力学研究等项工作。实践表明，对中等长度的基线（100～500 km），其差分定位精度可达 10^{-6}～10^{-7} km，甚至更好些。所以，在精度要求较高的测量工作中，均普遍采用这一方法。

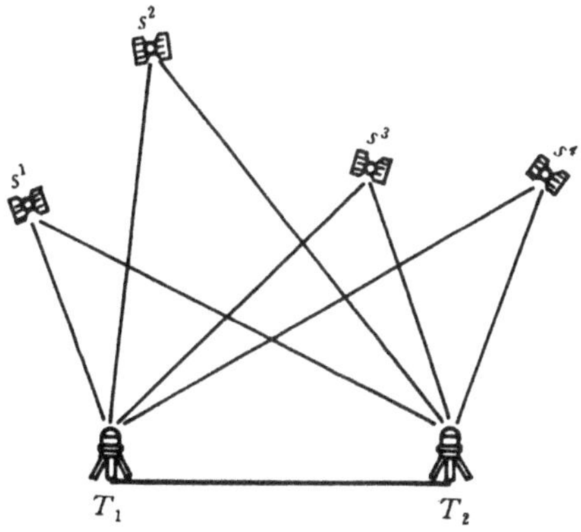

图 4－2 静态差分定位示意

动态差分定位，是用一台接收机安设在基准站上固定不动，另一台接收机安设在运动的载体上，两台接收机同步观测相同的卫星，以确定运动点相对基准站的实时位置，如图 4－3 所示 。

动态差分定位，根据其采用的观测量不同，通常可分为以测码伪距为观测量的动态差分定位和以测相伪距为观测量的动态差分定位。

测码伪距动态差分定位法，目前，其实时定位的精度可达米级。以差分定位原理为基础的实时差分 GPS，由于可以有效地减弱卫星轨道误差、钟差、大气折射误差以及 SA 政策的影响，其定位精度，远较测码伪距动态绝对定位的精度为高，所以这一方法获得了迅速发展，并在运动目标的导航、监测和管理方面，得到了普遍的应用。另外，在地球物理勘探、航空与海洋重力测量，以及海洋采矿等领域也有着广泛的应用。

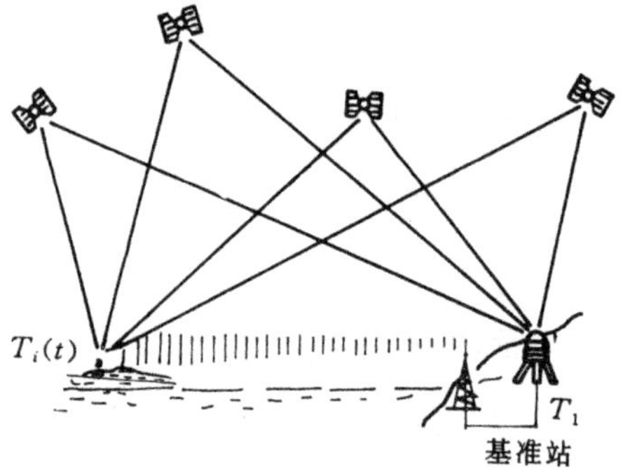

图 4-3　动态差分定位示意

测相伪距动态差分定位法，是以预先初始化或动态解算载波相位整周未知数为基础的一种高精度动态差分定位法。目前在较小的范围内(例如<20 km)，获得了成功的应用，其定位精度可达1～2 cm。

动态差分定位中，根据数据处理的方式不同，通常可分为实时处理和测后处理。数据的实时处理，要求在观测过程中实时地获得定位的结果，无须存储观测数据。但在流动站与基准站之间，必须实时地传输观测数据或观测量的修正数据。这种处理方式，对于运动目标的导航、监测和管理具有重要意义。

数据的测后处理，要求在观测工作结束后，通过数据处理而获得定位的结果。这种处理数据的方法，可能对观测数据进行详细的分析，易于发现粗差，也不须要实时地传输数据。但须要存储观测数据。观测数据的测后处理方式，主要应用于基线较长，不须实时获得定位结果的测量工作，如航空摄影测量和地球物理勘探等。

因为建立和维持一个数据实时传输系统（主要包括无线电信号的发射与接收设备），不仅在技术上较为复杂，花费也较大，所以，一般除非必须实时获得定位结果外，均应采用观测数据的测后处理方式。

4.2 观测方程

4.2.1 测码伪距观测方程

若取符号

τ^j —— 卫星 s^j 发射信号时的理想 GSP 时刻；

τ_i —— 接收机 T_i 收到该卫星信号时的理想 GPS 时刻；

t^j —— 卫星 s^j 发射信号时的卫星钟时刻；

t_i —— 接收机 T_i 收到该卫星信号时的接收机钟时刻；

Δt_i^j —— 卫星 s^j 的信号到达观测站 T_i 的传播时间；

δt^j—— 卫星钟相对理想 GPS 时的钟差；

δt_i—— 接收机钟相对理想 GPS 时的钟差，则有

$$\left.\begin{aligned} t^j &= \tau^j + \delta t^j \\ t_i &= \tau_i + \delta t_i \end{aligned}\right\} \tag{4-1}$$

由此，信号从卫星传播到观测站的时间，按图 4－4 可写为

$$\Delta t_i^j = t_i - t^j = \tau_i - \tau^j + \delta t_i - \delta t^j \tag{4-2}$$

假设，由卫星至观测站的几何距离为 R_i^j，相应的伪距为 ρ_i^j，则在忽略大气折射影响的情况下，由上式可得

$$\rho_i^j = c\Delta t_i^j = R_i^j + c\delta t_i^j \tag{4-3}$$

式中 c—— 光速；

$$\delta t_i^j = \delta t_i - \delta t^j$$

$$R_i^j = c\Delta\tau_i^j$$

其中　　$$\Delta\tau_i^j = \tau_i - \tau^j$$

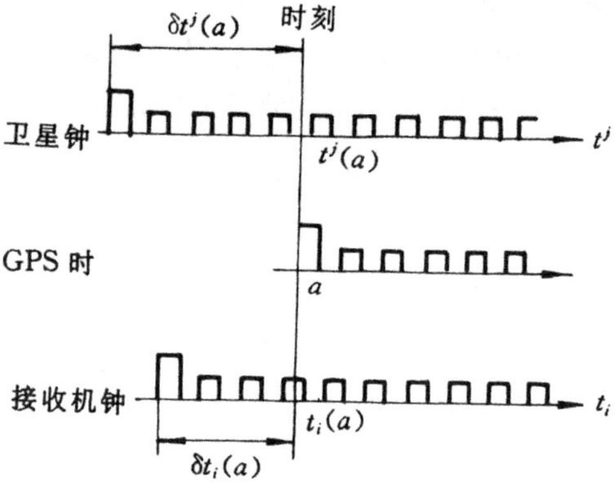

图 4-4　GPS 的时钟误差

可见，当卫星钟与接收机钟严格同步时，按式(4-3)所确定的伪距，即是卫星与观测站之间的几何距离(此时，$\delta t_i^j = 0$)。

考虑到卫星与观测站之间的距离 R_i^j，是卫星信号发射历元与该信号接收历元的函数，而信号的发射历元，与信号的接收历元是不同的，所以，为了统一计算的时间标准，式(4-3)可近似地写为已知观测历元 t_i 的函数

$$\rho_i^j(t_i) = R_i^j(t_i) + c\delta t_i^j(t_i) \tag{4-4}$$

式中　$\rho_i^j(t_i)$—— 于观测历元 t_i，由卫星 s^j 至观测站 T_i 的测码伪距；

$R_i^j(t_i)$—— 于观测历元 t_i，由卫星 s^j 至观测站 T_i 的几何距离；

$\delta t_i^j(t_i)$—— 于观测历元 t_i，接收机钟相对卫星钟的钟差。

GPS 卫星上设有高精度的铷原子钟和铯原子钟，其与理想的

GPS时之间的钟差，通常可从卫星播发的导航电文中获得。经钟差改正后，各卫星钟之间的同步差，可保持在20 ns以内。如果忽略这一影响，并略去观测历元t_i的下标，则由式(4-4)可得测码伪距观测方程的常用形式为

$$\rho_i^j(t) = R_i^j(t) + c\delta t_i(t) + \Delta_{i,I_g}^j(t) + \Delta_{i,T}^j(t) + d\rho(t) + \varepsilon(\rho) \qquad (4-5)$$

式中 $\delta t_i(t)$—— 接收机钟相应观测历元t的钟差；

$\Delta_{i,I_g}^j(t)$—— 于观测历元t，电离层折射对测码伪距的影响；

$\Delta_{i,T}^j(t)$—— 于观测历元t，对流层折射对测码伪距的影响；

$d\rho(e)$—— 于观测历元t，卫星轨道误差；

$\varepsilon(\rho)$—— 观测噪声。

在许多实际应用中，伪距是一种优先选择的方法。一旦知道了GPS卫星位置(从导航电文中计算)，式(4-5)含有7个未知量，即2个钟误差，3个接收机位置坐标，以及电离层和对流层延迟。考虑到卫星钟由地面控制中心监督并保持与GPS系统时间同步，卫星钟与GPS系统的时间偏差用一个时间二次多项式近似并作为导航电文的一部分发射给用户；电离层和对流层延迟可通过它们各自的模型计算。经过上面的校正处理，式(4-5)就只剩下4个未知量，即3个接收机坐标和1个接收机钟误差，这样接收机同时观测4颗卫星，就可得到式(4-5)的4个方程，即

$$\rho_i^1 = \sqrt{(x^1 - x_i)^2 + (y^1 - y_i)^2 + (z^1 - z_i)^2} + c\mathrm{d}T_i \qquad (4-5a)$$

$$\rho_i^2 = \sqrt{(x^2 - x_i)^2 + (y^2 - y_i)^2 + (z^2 - z_i)^2} + c\mathrm{d}T_i \qquad (4-5b)$$

$$\rho_i^3 = \sqrt{(x^3 - x_i)^2 + (y^3 - y_i)^2 + (z^3 - z_i)^2} + c\mathrm{d}T_i \qquad (4-5c)$$

$$\rho_i^4 = \sqrt{(x^4 - x_i)^2 + (y^4 - y_i)^2 + (z^4 - z_i)^2} + c\mathrm{d}T_i \qquad (4-5d)$$

求解式(4-5a)～(4-5d)组成的非线性联立方程组，便可得

到每一时刻接收机的钟误差和位置。很明显，要求在任意时刻至少有 4 颗卫星是可观测的。

4.2.2 测相伪距观测方程

首先给出卫星载波信号的相位与传播时间。假设，以理想的GPS 时为准，卫星 s^j 在历元 τ^j 发射的载波信号相位为 $\varphi^j(\tau^j)$ 而接收机在历元 τ_i 的参考载波信号相位为 $\varphi_i(\tau_i)$，则其相位差为

$$\Phi_i^j(\tau) = \varphi_i(\tau_i) - \varphi^j(\tau^j) \tag{4-6}$$

对于一个稳定度良好的振荡器来说，相位与频率之间的关系，可一般地表示为

$$\varphi(t + \Delta t) = \varphi(t) + f\Delta t \tag{4-7}$$

式中 f—— 信号频率；

Δt—— 微小时间间隔。

目前，GPS 接收机所采用的高质量晶体振荡器，其频率的相对稳定度，一般在短时间(例如 1 s)内，可达 $10^{-11} \sim 10^{-12}$，由此引起的频率飘移，约为 0.016 ~ 0.001 6 Hz。另外，如果把 Δt 视为GPS 卫星信号到达接收机的传播时间，则其值变化范围为

$$\frac{a(1-e)-r}{c} < \Delta t < \frac{a(1+e)}{c} \tag{4-8}$$

式中 a—— 卫星轨道长半径；

e—— 卫星轨道偏心率；

r—— 地球平均半径；

c—— 光速。

考虑到这些参数的数值，式(4-8)可近似地写成

$$0.066\ \text{s} < \Delta t < 0.090\ \text{s} \tag{4-9}$$

可见，在式(4-7)中，由频率飘移所产生的误差是微小的，可以忽略。

若设，f^j 为卫星发射的载波信号频率，f_i 为接收机振荡器的固

定参考频率，且

$$f_i = f^j = f$$

则有

$$\varphi_i(\tau_i) = \varphi^j(\tau^j) + f(\tau_i - \tau^j)$$

于是由式(4－6)可得

$$\Phi_i^j(\tau) = \varphi_i(\tau_i) - \varphi^j(\tau^j) = f\Delta\tau_i^j \tag{4-10}$$

$$\Delta\tau_i^j = \tau_i - \tau^j$$

式中 $\Delta\tau_i^j$ 是在卫星钟与接收机钟同步的情况下，卫星信号的传播时间，它与卫星信号的发射历元以及该信号的接收历元有关。因为卫星信号的发射历元一般是未知的，所以为了实际的应用，须要根据已知的观测历元，来讨论一下信号的传播时间。

假设，$R_i^j(\tau_i,\tau^j)$ 为卫星 s^j 与观测站 T_i 之间的几何距离，则在忽略大气折射影响的情况下有

$$\Delta\tau_i^j = R_i^j(\tau_i,\tau^j)/c \tag{4-11}$$

由于 $\rho_i^j(\tau_i,\tau^j)$ 是卫星信号发射历元 τ^j 与接收历元 τ_i 的函数，考虑到关系式 $\tau^j = \tau_i - \Delta\tau_i^j$，所以将式(4－11)按级数展开后可得

$$\Delta\tau_i^j = \frac{1}{c}R_i^j(\tau_i) - \frac{1}{c}\dot{R}_i^j(\tau_i)\Delta\tau_i^j + \frac{1}{2c}\ddot{R}_i^j(\tau_i)(\Delta\tau_i^j)^2 - \cdots \tag{4-12}$$

对 GPS 卫星来说，$\frac{\ddot{R}_i^j}{c}$ 的数值将不会超过 $8.7\times10^{-10}\,\mathrm{s}^{-1}$，所以，上式二次项的影响微小，可以忽略。

现在若进一步考虑到接收机的钟差，则利用式(4－2)可把上式改写为以观测历元 t_i 为根据的表达形式，即

$$\Delta\tau_i^j = \frac{1}{c}R_i^j(t_i) - \frac{1}{c}\dot{R}_i^j(t_i)\delta t_i(t_i) - \frac{1}{c}\dot{R}_i^j(t_i)\Delta\tau_i^j \tag{4-13}$$

计算 $\Delta\tau_i^j$ 可用迭代法，由于系数值 $\dot{R}_i^j(t_i)/c$ 微小($\approx 1.4\times10^{-7}$)，故收敛很快。这里，若取一次迭代，并略去 $\dot{R}_i^j(t_i)/c$ 的平方项，可得

$$\Delta\tau_i^j = \frac{1}{c}R_i^j(t_i)\left[1 - \frac{1}{c}\dot{R}_i^j(t_i)\right] - \frac{1}{c}\dot{R}_i^j(t_i)\delta t_i(t_i) \quad (4-14)$$

如果顾及大气折射的影响，则卫星信号的传播时间，最终可表示为

$$\Delta\tau_i^j = \frac{1}{c}R_i^j(t_i)\left[1 - \frac{1}{c}\dot{R}_i^j(t_i)\right] - \frac{1}{c}\dot{R}_i^j(t_i)\delta t_i(t_i) + \frac{1}{c}(\Delta_{i,I_p}^j(t_i) + \Delta_{i,T}^j(t_i)) \quad (4-15)$$

式中 $\Delta_{i,I_p}^j(t_i)$—— 于观测历元t_i，电离层折射对卫星载波信号传播路程的影响；

$\Delta_{i,T}^j(t_i)$—— 于观测历元 t_i，对流层折射对卫星载波信号传播路程的影响。

因为卫星钟和接收机钟，都不可避免地含有钟差的影响，而且不同的卫星和不同的接收机，其钟差大小各异，所以，处理多测站多历元对不同卫星的同步观测结果，必须采取统一的时间标准。于是，若将式(4-1)和(4-7)代入下式

$$\Phi_i^j = \varphi_i(t_i) - \varphi^j(t^j) \quad (4-16)$$

式中 $\varphi_i(t_i)$—— 表示接收机 T_i 于历元 t_i 的参考信号相位；

$\varphi^j(t^j)$—— 表示卫星 s^j 于历元 t^j 发射的载波信号相位；

Φ_i^j—— 上述两相位差。

则得卫星发射信号的相位 $\varphi^j(t^j)$ 与接收机的参考信号相位 $\varphi_i(t_i)$ 之间的相位差

$$\Phi_i^j(t_i) = \Phi_i^j(\tau) + f[\delta t_i(t_i) - \delta t^j(t_i)] \quad (4-17)$$

若进一步考虑式(4-10)则有

$$\Phi_i^j(t_i) = f\Delta\tau_i^j + f[\delta t_i(t_i) - \delta t^j(t_i)] \quad (4-18)$$

再将式(4-15)代入上式，并略去观测历元的下标，则得以观测历元 t 为根据的载波信号相位差

$$\Phi_i^j(t) = \frac{f}{c}R_i^j(t)\left[1 - \frac{1}{c}\dot{R}_i^j(t)\right] + f\left[1 - \frac{1}{c}\dot{R}_i^j(t)\right]\delta t_i(t) - f\delta t^j(t) + \frac{f}{c}[\Delta_{i,I_p}^j(t) + \Delta_{i,T}^j(t)] \quad (4-19)$$

因为通过测量接收机振荡器所产生的参考载波信号，与接收到的卫星载波信号之间的相位差，只能测定其不足一整周的小数部分，所以，如果假设 $\delta\varphi_i^j(t_0)$ 为相应某一起始观测历元 t_0，相位差的小数部分，$N_i^j(t_0)$ 为相应起始观测历元 t_0，载波相位差的整周数，则于历元 t_0 的总相位差可写为

$$\Phi_i^j(t_0) = \delta\varphi_i^j(t_0) + N_i^j(t_0) \tag{4-20}$$

在卫星于历元 t_0 被跟踪(锁定)后，载波相位变化的整周数便被自动计数，所以，对其后任一观测历元 t 的总相位差，可写出

$$\Phi_i^j(t) = \delta\varphi_i^j(t) + N_i^j(t-t_0) + N_i^j(t_0) \tag{4-21}$$

式中 $N_i^j(t-t_0)$ 表示从某一起始观测历元 t_0 至历元 t 之间载波相位的整周数，可由接收机自动连续的计数来确定，为已知量。如果取符号

$$\varphi_i^j(t) = \delta\varphi_i^j(t) + N_i^j(t-t_0) \tag{4-22}$$

则式(4-21)可改写为

$$\Phi_i^j(t) = \varphi_i^j(t) + N_i^j(t_0)$$

或

$$\varphi_i^j(t) = \Phi_i^j(t) - N_i^j(t_0) \tag{4-23}$$

$\varphi_i^j(t)$ 是载波相位的实际观测量，其关系如图 4-5 所示。

这里，$N_i^j(t_0)$ 一般是未知的，故通常称为整周未知数或整周待定值(有的文献中称为整周模糊度)。对 GPS 载波频率而言，一个整周数的误差，将会引起 19～24 cm 的距离误差，所以，如何准确地确定整周未知数，便成为利用载波相位观测量进行精密定位的重要问题。

因为对同一观测站 T_i 和同一卫星 s^j 而言，$N_i^j(t_0)$ 只与起始观测历元 t_0 有关，所以，在历元 t_0 至 t 的观测过程中，只要跟踪的卫星不中断(失锁)，$N_i^j(t_0)$ 就保持为一个常量。现将式(4-19)代入式(4-23)，便得载波相位的观测方程，即

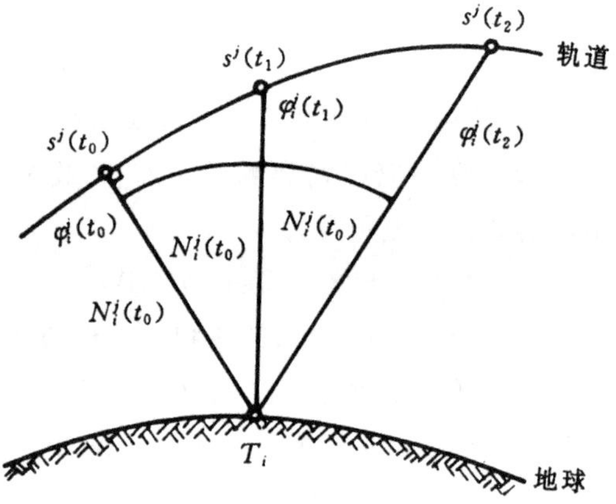

图 4-5　载波相位观测量

$$\varphi_i^j(t) = \frac{f}{c}R_i^j(t)\left[1 - \frac{1}{c}\dot{R}_i^j(t)\right] + f\left[1 - \frac{1}{c}\dot{R}_i^j(t)\right]\delta t_i(t) - f\delta t^j(t) - N_i^j(t_0) + \frac{f}{c}[\Delta_{i,I_p}^j(t) + \Delta_{i,T}^j(t)] \quad (4-24)$$

考虑到关系式 $\lambda = c/f$，则可得测相伪距的观测方程，即

$$\lambda\varphi_i^j(t) = R_i^j(t)\left[1 - \frac{1}{c}\dot{R}_i^j(t)\right] + c\left[1 - \frac{1}{c}\dot{R}_i^j(t)\right]\delta t_i(t) - c\delta t^j(t) - \lambda N_i^j(t_0) + \Delta_{i,I_p}^j(t) + \Delta_{i,T}^j(t) \quad (4-25)$$

式中含有 $\dot{R}_i^j(t)/c$ 的项，对伪距的影响为米级。在差分定位中，如果基线较短(例如 < 20 km)，则有关的项可以忽略，于是式(4-24)和(4-25)便可简化为

$$\varphi_i^j(t) = \frac{f}{c}R_i^j(t) + f[\delta t_i(t) - \delta t^j(t)] - N_i^j(t_0) + \frac{f}{c}[\Delta_{i,I_p}^j(t) + \Delta_{i,T}^j(t)] \quad (4-26)$$

$$\varphi_i^j(t)\lambda = R_i^j(t) + c[\delta t_i(t) - \delta t^j(t)] - \lambda N_i^j(t_0) + \Delta_{i,I_p}^j(t) + \Delta_{i,T}^j(t) \quad (4-27)$$

4.3 观测方程的线性化

4.3.1 测码伪距观测方程的线性化

若取符号

$$\boldsymbol{R}^j(t) = \boldsymbol{X}^j(t) = [x^j(t) \quad y^j(t) \quad z^j(t)]^{\mathrm{T}}$$

表示卫星 s^j 在协议地球坐标系中的瞬时空间直角坐标向量，

$$\boldsymbol{R}_i(t) = \boldsymbol{X}_i = [x_i \quad y_i \quad z_i]^{\mathrm{T}}$$

表示观测站 T_i，在同一坐标系中的空间直角坐标向量，则由图4-6可得，由观测站至卫星的瞬时距离

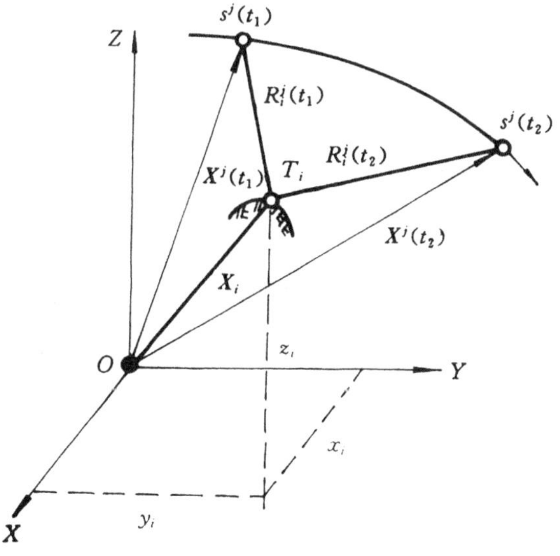

图 4-6 GPS定位的几何关系

$$R_i^j(t) = |\boldsymbol{R}^j(t) - \boldsymbol{R}_i(t)| = \{[x^j(t) - x_i]^2 +$$

$$[y^j(t)-y_i]^2+[z^j(t)-z_i]^2\}^{1/2} \tag{4-28}$$

如果进一步假设

$X_0^j(t)$—— 卫星 s^j 于历元 t 的坐标近似值向量；

X_{i0}—— 观测站 T_i 的坐标近似值向量。

上述卫星坐标的改正数向量

$$\delta X^j(t)=[\delta x^j(t)\quad \delta y^j(t)\quad \delta z^j(t)]^T$$

观测站坐标的改正数向量

$$\delta X_i=(\delta x_i\quad \delta y_i\quad \delta z_i)^T$$

同时考虑到观测站 T_i 至卫星 s^j 的方向余弦

$$\left.\begin{aligned}\frac{\partial R_i^j(t)}{\partial x^j}&=\frac{1}{R_{i0}^j(t)}[x_0^j(t)-x_{i0}]=l_i^j(t)\\\frac{\partial R_i^j(t)}{\partial y^j}&=\frac{1}{R_{i0}^j(t)}[y_0^j(t)-y_{i0}]=m_i^j(t)\\\frac{\partial R_i^j(t)}{\partial z^j}&=\frac{1}{R_{i0}^j(t)}[z_0^j(t)-z_{i0}]=n_i^j(t)\end{aligned}\right\} \tag{4-29}$$

而

$$\left.\begin{aligned}\frac{\partial R_i^j(t)}{\partial x_i}&=\frac{1}{R_{i0}^j(t)}[x_{i0}-x_0^j(t)]=-l_i^j(t)\\\frac{\partial R_i^j(t)}{\partial y_i}&=\frac{1}{R_{i0}^j(t)}[y_{i0}-y_0^j(t)]=-m_i^j(t)\\\frac{\partial R_i^j(t)}{\partial z_i}&=\frac{1}{R_{i0}^j(t)}[z_{i0}-z_0^j(t)]=-n_i^j(t)\end{aligned}\right\} \tag{4-30}$$

式中

$$R_{i0}^j(t)=\{[x_0^j(t)-x_{i0}]^2+[y_0^j(t)-y_{i0}]^2+[z_0^j(t)-z_{i0}]^2\}^{1/2}$$

于是，在取至一次微小项的情况下，式(4-28)可改写为线性化的形式

$$R_i^j(t)=R_{i0}^j(t)+[l_i^j(t)\quad m_i^j(t)\quad n_i^j(t)]\times[\delta X^j(t)-\delta X_i] \tag{4-31}$$

由此，测码伪距观测方程(4-5)，可一般地写为

$$\rho_i^j(t) = R_{i0}^j(t) + [l_i^j(t) \quad m_i^j(t) \quad n_i^j(t)][\delta \boldsymbol{X}^j(t) - \delta \boldsymbol{X}_i] + c\delta t_i(t) + \Delta_{i,I_g}^j(t) + \Delta_{i,T}^j(t) \tag{4-32}$$

在GPS定位的数据处理中，如果把由导航电文所获得的卫星坐标视为固定值，即 $\delta \boldsymbol{X}^j(t) = \boldsymbol{0}$，则上式尚可简化为

$$\rho_i^j(t) = R_{i0}^j(t) - [l_i^j(t) \quad m_i^j(t) \quad n_i^j(t)] \begin{bmatrix} \delta x_i \\ \delta y_i \\ \delta z_i \end{bmatrix} + c\delta t_i(t) + \Delta_{i,I_g}^j(t) + \Delta_{i,T}^j(t) \tag{4-33}$$

该式便是测码伪距观测方程的线性化形式，它在GPS定位中有着广泛的应用。

4.3.2 测相伪距观测方程的线性化

若将式(4-31)代入式(4-26)，则可得载波相位观测方程的线性化形式，即

$$\varphi_i^j(t) = \frac{f}{c} R_{i0}^j(t) + \frac{f}{c}[l_i^j(t) \quad m_i^j(t) \quad n_i^j(t)][\delta \boldsymbol{X}^j(t) - \delta \boldsymbol{X}_i] + f[\delta t_i(t) - \delta t^j(t)] - N_i^j(t_0) + \frac{f}{c}[\Delta_{i,I_p}^j(t) + \Delta_{i,T}^j(t) \tag{4-34}$$

同理，测相伪距观测方程的线性化形式为

$$\varphi_i^j(t)\lambda = R_{i0}^j(t) + [l_i^j(t) \quad m_i^j(t) \quad n_i^j(t)][\delta \boldsymbol{X}^j(t) - \delta \boldsymbol{X}_i] + c[\delta t_i(t) - \delta t^j(t)] - \lambda N_i^j(t_0) + \Delta_{i,I_p}^j(t) + \Delta_{i,T}^j(t) \tag{4-35}$$

式中的 $\delta \boldsymbol{X}^j(t)$ 项，可用于估算卫星位置误差对测相伪距的影响，当采用轨道改进法进行精密定位时，也可作为待估参数一并求解。

在已知卫星瞬时位置的情况下，式(4-34)和(4-35)可分别简化为

$$\varphi_i^j(t) = \frac{f}{c} R_{i0}^j(t) - \frac{f}{c}[l_i^j(t) \quad m_i^j(t) \quad n_i^j(t)] \begin{bmatrix} \delta x_i \\ \delta y_i \\ \delta z_i \end{bmatrix} - N_i^j(t_0) + f[\delta t_i(t) - \delta t^j(t)] + \frac{f}{c}[\Delta_{i,I_p}^j(t) + \Delta_{i,T}^j(t)] \tag{4-36}$$

$$\varphi_i^j(t)\lambda = R_{i0}^j(t) - \begin{bmatrix} l_i^j(t) & m_i^j(t) & n_i^j(t) \end{bmatrix} \begin{bmatrix} \delta x_i \\ \delta y_i \\ \delta z_i \end{bmatrix} - \lambda N_i^j(t_0) +$$

$$c[\delta t_i(t) - \delta t^j(t)] + \Delta_{i,I_p}^j(t) + \Delta_{i,T}^j(t) \qquad (4-37)$$

上述模型，在精密 GPS 定位中有着广泛的应用。

4.4 GPS 测定速度

对于动态用户来说，除了确定位置外，还须要测定运动载体的实时航行速度。

假设，于历元 t_1 和 t_2 测定的载体实时位置，分别为 $\boldsymbol{X}_i(t_1)$ 和 $\boldsymbol{X}_i(t_2)$，则其运动速度可简单地表示为

$$\begin{bmatrix} \dot{x} \\ \dot{y} \\ \dot{z} \end{bmatrix} = \frac{1}{\Delta t}\left[\begin{bmatrix} x_i(t_2) \\ y_i(t_2) \\ z_i(t_2) \end{bmatrix} - \begin{bmatrix} x_i(t_1) \\ y_i(t_1) \\ z_i(t_1) \end{bmatrix}\right] \qquad (4-38)$$

式中 $\Delta t = t_2 - t_1$，而$(\dot{x},\dot{y},\dot{z})$ 为在协议地球坐标系中，载体的速度分量。由此可得载体运动方向的速度为

$$v_s = (\dot{x}^2 + \dot{y}^2 + \dot{z}^2)^{1/2} \qquad (4-39)$$

这一测定航速的方法，不需要其他新的观测量，计算简单。由此可见，测速问题实质上仍是定位问题。在动态定位中，实时定位与测速可同时实现。按式(4-38) 所确定的航行速度，是在时间段 Δt 内的平均速度。如果计算中所取时间间隔过短或过长，都难以正确地描述载体的实际运行速度。为此，我们还可以采用观测载波多普勒频移的方法，来实时地测定载体运行的速度。

由于 GPS 用户接收机的载体和 GPS 卫星之间的相对运动，所以接收机收到的 GPS 载波信号，与卫星发射的载波信号的频率是不同的，其间的频率差，称为多普勒频移。频移的大小与接收机和卫星之间距离的变化率有关，若假设

df—— 多普勒频移，为已知观测量；

$\dot{R}$—— 接收机与卫星之间的距离变化率；

f—— 卫星发射的载波频率；

c—— 光速。

则其间关系已知为

$$R = \frac{c}{f}df \tag{4-40}$$

如果大气折射对伪距测量的影响已作了修正，则由式(4-4)已知，接收机 T_i 与卫星 s^j 之间的伪距观测方程，可一般地表示为

$$\rho_i^j = R_i^j + c\delta t_i - c\delta t^j \tag{4-41}$$

式中　δt_i—— 用户接收机钟差；

δt^j—— 卫星钟差。

考虑到卫星钟差，可由导航电文中给出的有关参数加以修正，所以由上式可得伪距随时间变化率

$$\dot{\rho}_i^j = \dot{R}_i^j + c\delta\dot{t}_i \tag{4-42}$$

应用式(4-32)可得

$$\dot{\rho}_i^j = (l_i^j \quad m_i^j \quad n_i^j)\left[\begin{bmatrix}\dot{x}^j\\ \dot{y}^j\\ \dot{z}^j\end{bmatrix} - \begin{bmatrix}\dot{x}_i\\ \dot{y}_i\\ \dot{z}_i\end{bmatrix}\right] + c\delta\dot{t}_i \tag{4-43}$$

式中$(l_i^j \quad m_i^j \quad n_i^j)$为观测点 T_i 至卫星 s^j，在协议地球坐标系中的方向余弦(见式(4-29))。如果卫星的运动速度$(\dot{x}^j\ \dot{y}^j\ \dot{z}^j)$为已知，则按上式可写出误差方程(所谓误差为实际存在，但在式(4-43)中未考虑进去的所有GPS观测误差的总和)

$$v_i^j = (l_i^j \quad m_i^j \quad n_i^j)\begin{bmatrix}\dot{x}_i\\ \dot{y}_i\\ \dot{z}_i\end{bmatrix} - c\delta\dot{t}_i + L_i^j \tag{4-44}$$

$$L_i^j = \dot{\rho}_i^j - (l_i^j \quad m_i^j \quad n_i^j)\begin{bmatrix}\dot{x}^j\\ \dot{y}^j\\ \dot{z}^j\end{bmatrix}$$

当同步观测的卫星数 $n^j > 4$ 时，可得相应的误差方程组

$$V = AX + L \tag{4-45}$$

式中

$$\underset{(n^j\times 1)}{V} = [v_i^1 \quad v_i^2 \quad \cdots \quad v_i^{n^j}]^{\mathrm{T}}$$

$$\underset{(4\times 1)}{\dot{X}} = [\dot{x}_i \quad \dot{y}_i \quad \dot{z}_i \quad c\delta\dot{t}_i]^{\mathrm{T}}$$

$$\underset{(n^j\times 4)}{A} = \begin{bmatrix} l_i^1 & m_i^1 & n_i^1 & -1 \\ l_i^2 & m_i^2 & n_i^2 & -1 \\ \vdots & \vdots & \vdots & \vdots \\ l_i^{n^j} & m_i^{n^j} & n_i^{n^j} & -1 \end{bmatrix}$$

$$\underset{(n^j\times 1)}{L} = [L_i^1 \quad L_i^2 \quad \cdots \quad L_i^{n^j}]^{\mathrm{T}}$$

于是根据最小二乘法平差求解

$$\dot{X} = -(A^{\mathrm{T}}A)^{-1}A^{\mathrm{T}}L \tag{4-46}$$

解的精度可按下式估算：

$$m_{\dot{x}} = m_0\sqrt{q_{\dot{x}\dot{x}}} \tag{4-47}$$

式中 m_0 —— 伪距变化率的观测误差；

$q_{\dot{x}\dot{x}}$ —— 权系数阵 $(A^{\mathrm{T}}A)^{-1}$ 主对角线的相应元素。

4.5 观测数据的组合处理

从广播卫星信号的码信息和载波中可以获得 GPS 的观测值。如前所述，P 码调制在 L_1 和 L_2 上，而 C/A 码调制在 L_1 上。因此，可以测量载波相位 Φ_{L1} 和 Φ_{L2}，以及对应的多普勒漂移，码伪距 $\rho_{L1C/A}$，ρ_{L1p} 和 ρ_{L2p}。但是，实际上我们并非能利用所有的观测值，例如，单频接收机仅能从 L_1 上获取数据，如何利用双频接收机进行载波相位测量，两个载波观测值之间如何进行线性组合，组合后的应用等

便是本节要讨论的问题。

4.5.1　线性组合与标准

设 φ_1 和 φ_2 为由一理想卫星发射的双频相位观测值。它们与信号传播时间 τ 有下列关系：

$$\tau = \frac{\varphi_1}{f_1} = \frac{\varphi_2}{f_2}$$

φ_1 和 φ_2 间线性组合的一般形式为

$$\varphi_{n,m} = n\varphi_1 + m\varphi_2 \tag{4-48}$$

该组合应满足下列关系：

$$\tau = \frac{\varphi_{n,m}}{f_{n,m}}$$

式中 $f_{n,m}$ 为新组成的观测值 $\varphi_{n,m}$ 的频率，即

$$f_{n,m} = \frac{\varphi_{n,m}}{\tau} = \frac{n\varphi_1 + m\varphi_2}{\tau} = nf_1 + mf_2 \tag{4-49}$$

新组成的观测值 $\varphi_{n,m}$ 的波长 $\lambda_{n,m}$ 为

$$\lambda_{n,m} = \frac{c}{f_{n,m}} = \frac{c}{nf_1 + mf_2} \tag{4-50}$$

$\varphi_{n,m}$ 的整周模糊度为

$$N_{n,m} = nN_1 + mN_2 \tag{4-51}$$

φ_1 和 φ_2 的电离层延迟不同，分别为

$$(\Delta^j_{i,I_p})_1 = -\frac{A}{cf_1},\quad (\Delta^j_{i,I_p})_2 = -\frac{A}{cf_2}$$

式中

$$A = -40.28N_\Sigma,\quad N_\Sigma = N_1 + N_2$$

从而新组成的观测值 $\varphi_{n,m}$ 的电离层延迟为

$$(\Delta^j_{i,I_p})_{n,m} = n(\Delta^j_{i,I_p})_1 + m(\Delta^j_{i,I_p})_2 = -\frac{A}{C}\frac{nf_2 + mf_1}{f_1 f_2} \tag{4-52}$$

其等效距离和时延为

$$\left.\begin{aligned}(\delta\rho_n)_{n,m} &= \lambda_{n,m}(\Delta^j_{i,I_p})_{n,m} = -\frac{A}{f_1 f_2}\frac{nf_2+mf_1}{nf_1+mf_2}\\ \delta t_{n,m} &= \frac{(\Delta^j_{i,I_p})_{n,m}}{f_{n,m}} = -\frac{A}{cf_1 f_2}\frac{nf_2+mf_1}{nf_1+mf_2}\end{aligned}\right\} \tag{4-53}$$

$\varphi_{n,m}$ 的测量噪声为

$$\delta\varphi_{n,m} = (n^2+m^2)^{1/2}\delta\varphi$$

其对应的距离误差为

$$\delta\rho_{n,m} = \lambda_{n,m}(n^2+m^2)^{1/2}\delta\varphi$$

若我们希望新组成的观测值 $\varphi_{n,m}$ 的模糊度仍能保持整数特性，那么 n 和 m 应均为整数。显然，若不加任何限制，可组成无穷多种不同的线性组合观测值。我们所关心的仅仅是那些对 GPS 测量有实际价值和意义的线性组合观测值。这些观测值一般应满足以下组合标准：

（1）线性组合后的新观测值应具有适当的波长。

（2）组合的新观测值应能保持模糊度的整数特性，以利于正确确定整周模糊度。

（3）新观测值应不受或基本不受电离层延迟的影响。

（4）新观测值应具有较小的测量噪声。

在实际应用中，往往根据需要，选取满足以上某些标准的线性组合。

4.5.2 常用的线性组合

1. 宽巷（Wide lane）观测值 φ_Δ

当选取 $n=+1, m=-1$，其线性组合后的观测值称为宽巷观测值，用 φ_Δ 表示

$$\varphi_\Delta = \varphi_1 - \varphi_2 \tag{4-54}$$

其频率 f_Δ 为

$$f_{\Delta} = f_1 - f_2 = 347.82\ \text{MHz}$$

其波长 λ_{Δ} 为

$$\lambda_{\Delta} = \frac{c}{f_{\Delta}} = 86.19\ \text{cm}$$

其模糊度 N_{Δ} 为

$$N_{\Delta} = N_1 - N_2$$

其电离层延迟的相应时延 δt_{Δ} 为

$$\delta t_{\Delta} = -\frac{A}{cf_1f_2}\frac{f_2 - f_1}{f_1 - f_2} = \frac{A}{cf_1f_2}$$

其测量噪声 $\delta\rho_{\Delta}$ 为

$$\delta\rho_{\Delta} = 121.9\delta\varphi\ (\text{cm})$$

宽巷观测值的波长达 86 cm，因而很容易准确地确定其整周模糊度，这是其优点；但其测量噪声较大。

2. 窄巷(narrow lane)观测值 φ_{Σ}

当选取 $n = 1, m = 1$ 时，φ_1 和 φ_2 的线性组合观测值称为窄巷观测值，用 φ_{Σ} 表示，即

$$\varphi_{\Sigma} = \varphi_1 + \varphi_2 \tag{4-55}$$

窄巷观测值的各项参数为

$$f_{\Sigma} = f_1 + f_2 = 2\,803.02\ \text{MHz}$$

$$\lambda_{\Sigma} = c/f_{\Sigma} = 10.70\ \text{cm}$$

$$N_{\Sigma} = N_1 + N_2$$

$$\delta t_{\Sigma} = -\frac{A}{cf_1f_2}$$

$$\delta\rho_{\Sigma} = 15.1\delta\varphi\ (\text{cm})$$

由此可知，窄巷观测值的测量噪声比 φ_1 和 φ_2 都小($\delta\rho_1 = 19.0\delta\varphi, \delta\rho_2 = 24.4\delta\varphi$)，但它的整周模糊度也很难确定。

3. 无电离层延迟的组合观测值

当选取 $n = 2.545\,73, m = -1.983\,68$ 时，线性组合的观测值

φ_c 为无电离层延迟影响的观测值，即

$$\varphi_c = \frac{f_1^2}{f_1^2 - f_2^2}\varphi_1 - \frac{f_1 f_2}{f_1^2 - f_2^2}\varphi_2 = 2.545\ 73\varphi_1 - 1.983\ 68\varphi_2 \tag{4-56}$$

由于新观测值 φ_c 的电离层时延为

$$\delta t_c = -\frac{A}{cf_1 f_2}\frac{\dfrac{f_1^2}{f_1^2 - f_2^2}f_2 - \dfrac{f_1 f_2}{f_1^2 - f_2^2}f_1}{\dfrac{f_1^2}{f_1^2 - f_2^2}f_1 - \dfrac{f_1 f_2}{f_1^2 - f_2^2}f_1} = 0$$

φ_c 的电离层延迟为零，所以称 φ_c 为无电离层延迟的观测值。但由于 n 和 m 都不是整数，所以其模糊度不再具有整数特性。

4.5.3 利用双频 P 码 / 载波组合确定模糊度

如果使用的 GPS 双频接收机，具有双频 P 码伪距测量和载波相位测量的能力，则可利用 P 码 / 载波组合技术确定载波相位测量的整周模糊度。

假设在历元 t 时刻，获得卫星观测值：

$\Delta\varphi_{L_1}$，$\Delta\varphi_{L_2}$（载波 L_1 和 L_2 的相位观测值）；ρ_{L_1}，ρ_{L_2}（P 码伪距观测值）。

令 R 表示测站至卫星的实际距离，可列得

$$\left.\begin{aligned} \Delta\varphi_{L_1} &= \frac{R}{c}f_{L_1} + \frac{A}{f_{L_1}} - N_{L_1} + f_{L_1}\Delta\delta \\ \Delta\varphi_{L_2} &= \frac{R}{c}f_{L_2} + \frac{A}{f_{L_2}} - N_{L_2} + f_{L_2}\Delta\delta \end{aligned}\right\} \tag{4-57}$$

$$\left.\begin{aligned} \varphi_{L_1} &= \frac{\rho_1}{c}f_{L_1} = \frac{R}{c}f_{L_1} - \frac{A}{f_{L_1}} + f_{L_1}\Delta\delta \\ \varphi_{L_2} &= \frac{\rho_2}{c}f_{L_2} = \frac{R}{c}f_{L_2} - \frac{A}{f_{L_2}} + f_{L_2}\Delta\delta \end{aligned}\right\} \tag{4-58}$$

式中　　A/f_L —— 电离层延迟项；

$\Delta\delta$ —— 接收机与卫星钟的钟差项；

$\varphi_{L_1},\varphi_{L_2}$ —— 相应于 ρ_1,ρ_2 的载波相位观测值；

N_{L_1},N_{L_2} —— 载波相位观测值的整周模糊度。

由式(4-57)和(4-58)可得

$$\left.\begin{aligned}\Delta\varphi_{L_1}-\varphi_{L_1}&=2A/f_{L_1}-N_{L_1}\\ \Delta\varphi_{L_2}-\varphi_{L_2}&=2A/f_{L_2}-N_{L_2}\end{aligned}\right\}\tag{4-59}$$

将上两式作差，可得

$$(\Delta\varphi_{L_1}-\Delta\varphi_{L_2})-\varphi_{L_1}+\varphi_{L_2}=2A\left(1/f_{L_1}-1/f_{L_2}\right)-(N_{L_1}-N_{L_2})$$

显然，上式中$(\Delta\varphi_{L_1}-\Delta\varphi_{L_2})$即为宽巷相位观测值 $\Delta\varphi_\Delta$，而$(N_{L_1}-N_{L_2})$为其整周模糊度 N_Δ。因此，上式可写成

$$\Delta\varphi_\Delta-\varphi_{L_1}+\varphi_{L_2}=2A\frac{f_{L_2}-f_{L_1}}{f_{L_1}f_{L_2}}-N_\Delta\tag{4-60}$$

或

$$\Delta\varphi_\Delta-\varphi_{L_1}+\varphi_{L_2}=-2A\frac{f_{L_1}-f_{L_2}}{f_{L_1}f_{L_2}}-N_\Delta\tag{4-61}$$

由式(4-58)可得

$$\left.\begin{aligned}\varphi_{L_1}/f_{L_1}&=R/c-A/f_{L_1}^2+\Delta\delta\\ \varphi_{L_2}/f_{L_2}&=R/c-A/f_{L_2}^2+\Delta\delta\end{aligned}\right\}\tag{4-61$'$}$$

两式作差得

$$\varphi_{L_1}/f_{L_1}-\varphi_{L_2}/f_{L_2}=-A\left(1/f_{L_1}^2-1/f_{L_2}^2\right)$$

可写成

$$\frac{f_{L_2}\varphi_{L_1}-f_{L_1}\varphi_{L_2}}{f_{L_1}f_{L_2}}=-A\frac{f_{L_2}^2-f_{L_1}^2}{f_{L_1}^2f_{L_2}^2}$$

将上式两端同乘以 $1/(f_{L_2}+f_{L_1})$

$$\frac{f_{L_2}\varphi_{L_1}-f_{L_1}\varphi_{L_2}}{f_{L_1}+f_{L_2}}=A\,\frac{f_{L_1}-f_{L_2}}{f_{L_1}f_{L_2}} \tag{4-62}$$

将此式代入式(4-61),得

$$\Delta\varphi_\Delta-\varphi_{L_1}+\varphi_{L_2}=-2\,\frac{f_{L_2}\varphi_{L_1}-f_{L_1}\varphi_{L_2}}{f_{L_1}+f_{L_2}}-N_\Delta$$

由此得

$$N_\Delta=-\Delta\varphi_\Delta+\frac{1}{f_{L_1}+f_{L_2}}[(\varphi_{L_1}-\varphi_{L_2})(f_{L_1}+f_{L_2})-2f_{L_2}\varphi_{L_1}+2f_{L_1}\varphi_{L_2}]=-\Delta\varphi_\Delta+\frac{1}{f_{L_1}+f_{L_2}}\times[\varphi_{L_1}f_{L_1}-\varphi_{L_2}f_{L_2}-f_{L_2}\varphi_{L_1}+f_{L_1}\varphi_{L_2}]$$

最后,可得计算宽巷观测值 $\Delta\Phi_\Delta$ 的模糊度公式

$$N_\Delta=-\left[\Delta\varphi_\Delta-\frac{f_{L_1}-f_{L_2}}{f_{L_1}+f_{L_2}}(\varphi_{L_1}+\varphi_{L_2})\right] \tag{4-63}$$

由式(4-63)可知,根据一个历元的双频伪距的观测值,可按式(4-58)计算出 φ_{L_1},φ_{L_2};根据双频相位观测值可计算出宽巷观测值 $\Delta\varphi_\Delta=\Delta\varphi_{L_1}-\Delta\varphi_{L_2}$;然后按式(4-63)立即可计算出整周模糊度 N_Δ。因此,从原理上讲,此方法只需一个历元的观测值,增加观测历元只是增加多余观测量,提高解算 N_Δ 的准确度。所以,该方法可以近于实时的解算整周模糊度。这对提高作业效率,扩展GPS定位的应用领域,具有重要意义。

在宽巷相位观测值的整周模糊度求得后,可利用宽巷相位观测值建立观测方程,并解出定位参数和钟差项 $\Delta\delta$ 等。依此,按下式计算 f_{L_1} 的相位观测值 $\Delta\varphi_{L_1}$ 的整周模糊度 N_{L_1} 和 f_{L_2} 的 N_{L_2},即

$$N_{L_1}=\frac{f_{L_1}}{f_\Delta}\varphi_{L_1}-\frac{f_{L_2}}{f_\Delta}(\varphi_{L_2}+N_\Delta)-\left(\frac{\rho}{c}+\Delta\delta\right)(f_{L_1}+f_{L_2}) \tag{4-64}$$

$$N_{L_2}=N_{L_1}-N_\Delta \tag{4-65}$$

式中

$$f_\Delta = f_{L_1} - f_{L_2}$$

虽然此方法很有效，但由于P码的保密性，使其应用受到限制。特别是，当A－S技术实施后，利用P码进行伪距测量更为困难。

另外，应当指出，电磁波传播的多路径效应对上述方法将产生不可忽略的影响。因此，采用此方法确定整周模糊度时，要慎重选择观测站的位置，选择适宜的接收天线，适当地延长观测时间，以减弱多路径效应的影响。这是极为重要的。

4.6　卫星几何精度衰减因子DOP

为了获得高质量的测量结果，特别是在点定位和动态测量中，可视卫星在空间的几何结构是要考虑的非常重要的因素。由于卫星的相对运动，卫星位置的几何结构会随时间变化，为了测量这种几何特性引入精度衰减因子的概念，英文称Dilution of Precision（缩写DOP）。

由式(4－4)可得GPS定位方程为

$$\rho_i^j = \sqrt{(x^j - x_i)^2 + (y^j - y_i)^2 + (z^j - z_i)^2} + c\delta t_i^j(t_i) \quad (4-66)$$

这组方程是非线性的。考虑标称值附近的小增量情况，标称值用下标0表示，增量值用下标Δ表示，则有

$$\left.\begin{array}{l} [(x_0 - x_i)^2 + (y_0 - y_i)^2 + (z_0 - z_i)^2]^{1/2} + c\delta t_i^j(t_i) = \rho_{i0}^j \\ [(x_0 + \Delta x - x_i)^2 + (y_0 + \Delta y - y_i)^2 + (z_0 + \Delta z - z_i)^2]^{1/2} + \\ \qquad c\delta t_i^j(t_i) + \Delta\delta t_i^j(t_i) = \rho_{i0}^j - \Delta\rho_i \\ \qquad i = 1,\ 2,\ 3,\ 4 \end{array}\right\} \quad (4-67)$$

上两式联立，忽略增量的二次项可得

$$\frac{(x_0-x_i)}{\rho_{i0}^j-c\delta t_i^j(t_i)}\Delta x+\frac{(y_0-y_i)}{\rho_{i0}^j-c\delta t_i^j(t_i)}\Delta y+\frac{(z_0-z_i)}{\rho_{i0}^j-c\delta t_i^j(t_i)}\Delta z+ c\Delta\delta t_i^j(t_i)=\Delta\rho_i \tag{4-68}$$

注意到该式左边未知位置增量的系数由用户到卫星视线在相应坐标轴的方向余弦组成。用 α_{ij} 表示第 i 个卫星向量与第 j 个坐标轴夹角的方向余弦。

1. 引入矩阵

$$\boldsymbol{A}=[\alpha_{ij}]_{4\times4}$$

$$\boldsymbol{r}=[\Delta\rho_i]_{4\times1}$$

$$\boldsymbol{X}=[\Delta x,\ \Delta y,\ \Delta z,\ \Delta\delta t_i^j(t_i)c]^{\mathrm{T}}$$

式(4-68)可写为

$$\boldsymbol{AX}=\boldsymbol{r} \tag{4-69}$$

由于式(4-69)是线性的，它可以被用来表示伪距测量误差与用户误差的关系，即

$$\boldsymbol{\varepsilon}_x=\boldsymbol{A}^{-1}\boldsymbol{\varepsilon}_r \tag{4-70}$$

式中 $\boldsymbol{\varepsilon}_x$ 和 $\boldsymbol{\varepsilon}_r$ 分别表示伪距测量误差和位置、时偏误差。伪距测量的协方差矩阵与用户位置的协方差矩阵有如下关系：

$$\mathrm{cov}(\boldsymbol{X})=\boldsymbol{A}^{-1}\mathrm{cov}(\boldsymbol{r})\boldsymbol{A}^{-\mathrm{T}}=[\boldsymbol{A}^{-\mathrm{T}}\mathrm{cov}(\boldsymbol{r})^{-1}\boldsymbol{A}]^{-1} \tag{4-71}$$

上式表明，伪距测量误差与用户误差的关系仅仅是卫星几何分布的函数。假定伪距测量误差具有“单位”量，即它的协方差矩阵是单位矩阵，定义：

$$\mathrm{GDOP}=\{\mathrm{Trace}[\boldsymbol{A}^{\mathrm{T}}\boldsymbol{A}]^{-1}\}^{1/2}=\{V_x+V_y+V_z+c^2V_t\}^{1/2} \tag{4-72}$$

式中 V_x,V_y,V_z,V_t 分别表示用户位置及时间的协方差。GDOP 代表了由于卫星几何影响而使伪距测量误差到用户误差的放大倍数，它与所用的坐标系无关，可作为用户选星的依据。

2. 精度度量有以下几种

垂直精度因子 $\mathrm{VDOP}=\sqrt{V_z}$

水平精度因子 HDOP $= (V_x + V_y)^{1/2}$

位置精度因子 PDOP $= (V_x + V_y + V_z)^{1/2}$

几何精度因子 GDOP $= (V_x + V_y + V_z + C^2V_t)^{1/2}$

此外，可能还用到一些其他的精度度量，例如球误差概率(SEP)、圆误差概率(CEP)、球标准误差和圆标准误差等。

每种精度因子都可以作为用户选星的依据，例如，按 GDOP 最小原则选择 4 颗星定位，可使定位误差最小。但是，采用不同的精度因子可以选出不同的结果：

按 PDOP 最优，水平误差 = 0.93 m，垂直误差 = 2.11 m；

按 VDOP 最优，水平误差 = 2.25 m，垂直误差 = 0.90 m。

水平误差和垂直误差分别反映了 HDOP 和 VDOP 值。因此，根据任务要求选用精度因子或构造一个加权的综合因子，可以全面、准确地反映定位期望。

第五章　GPS 系统偏差和误差分析

GPS 系统的定位误差直接影响着 GPS 用于导航、定时和定位的精度，只有深入地了解产生这些误差和偏差的原因，才能设计合理的 GPS 接收机硬件和软件系统。本章将对 GPS 系统的误差源作系统、详细的分析。

5.1　偏差和误差分类

一般来讲，在 GPS 定位中，影响测量的偏差可分为三类：与 GPS 卫星有关的偏差；与观测有关的偏差；与观测站有关的偏差。

(1) 与卫星有关的偏差主要是GPS卫星轨道描述和卫星钟模型的偏差。卫星轨道参数和钟模型是由 GPS 卫星广播的导航电文给出的，但实际上卫星并不确切地位于广播电文所告诉的位置。卫星钟，即使用广播的钟模型校正，也并非完全与 GPS 系统时间同步。这些偏差在卫星之间是不相关的，它们对码伪距测量和载波相位测量的影响相同，而且这些偏差与地面跟踪台站的位置和数目，描述卫星轨道的模型以及卫星在空间的几何结构有关。

(2) 与观测有关的偏差包括与卫星信号传输路径和观测方法有关的偏差，如电离层和对流层延迟，载波相位周期模糊度等。

(3) 与观测站有关的偏差主要是接收机钟偏差和测站坐标不确定性引起的偏差，后一种偏差是针对非定位应用，如 GPS 时间传输和卫星轨道跟踪。在非定位应用情况下，接收机位置，假设是完全已知的或有某种不确定性，理论上后者更合适，因为地面站的位置不可能完全已知，因此，通常都是把位置作为非定位参数待估计的。很明显，要想更准确地预测轨道，地面站的位置就应该更精确，例如，要获得卫星位置 3 m 的精度，相对的地面站坐标必须达到 0.5×10^{-6} 的精度，两个测站坐标 1 m 的不确定性将导致 3 ns 的时间传输误差。在 GPS 导航应用中，用户处于运动状态，接收机钟偏差是作为待估计参数之一解算的，用户位置的偏差是测量的不确定性。

偏差通常与某些变量如时间、位置和温度等有函数关系，因此偏差的影响可以用对偏差源建模的方法消除或至少可以拟制。

除了偏差之外，GPS 导航定位和定时的精度还与观测误差和卫星星座几何布置有关。卫星星座几何布置的影响用精度衰减因子 DOP 描述。误差(Errors) 反映了测量本身和对偏差源建模后产生的残差的影响，因此，误差包括残差偏差、周期滑动、多路径影响、天线相位中心移动和随机的观测误差。从各种误差源来的误差有相当复杂的频谱特性和其他特征，部分误差源之间可能还是相关的，这使得问题的分析更加复杂化。因此，为简单起见，我们在今后的分析中通常认为误差源是非相关的，并用它们各自的标准方差来描述其影响。

在上面的讨论中，我们严格区分偏差(Biases) 和误差(Errors)，这主要是为了从概念上能够理解影响 GPS 精度的诸因素，从方法上为消除这些因素指出一种方向。在下面的讨论中，如果没有特殊的必要，将不再区分偏差和误差。

上述误差的细节及其影响参见表 5-1。

表 5-1　测码伪距的测量误差

误　差　来　源	对伪距测量的影响 /m	
	P 码	C/A 码
卫星部分		
星历误差与模型误差	4.2	4.2

续　表

误　差　来　源	对伪距测量的影响 /m	
	P 码	C/A 码
钟差与稳定性	3.0	3.0
卫星摄动	1.0	1.0
相位不确定性	0.5	0.5
其他	0.9	0.9
合计	5.4	5.4
信号传播		
电离层折射	2.3	5.0 ~ 10.0
对流层折射	2.0	2.0
多路径效应	1.2	1.2
其他	0.5	0.5
合计	3.3	5.5 ~ 10.3
信号接收		
接收机噪声	1.0	7.5
其他	0.5	0.5
合计	1.1	7.5
总　计	6.4	10.8 ~ 13.8

5.2 用户等效距离误差(UERE)

上述讨论的各种偏差和误差最终都要反映在用户的测量结果上，即距离测量误差上。因此，在许多实际应用中，人们往往把各种偏差投影到距离上来进行分析，所有这些投影偏差的和称为距离偏差，如图 5-1 所示。在消除这些偏差之前，所测量到的距离称为有偏距离，也就是我们常说的伪距。

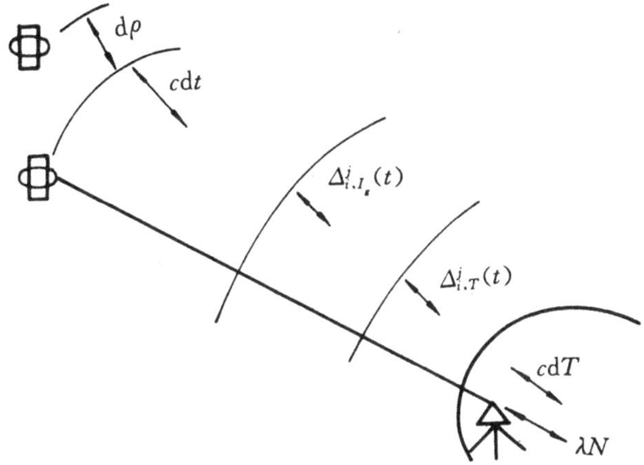

图 5-1　用户等效距离误差

图 5-1 中的参数意义如下：

$d\rho$ —— 卫星轨道偏差等效的距离；

cdt —— 卫星钟偏差等效的距离；

$\Delta^j_{i,I_g}(t)$ —— 电离层延迟等效的距离；

$\Delta^j_{i,T}(t)$ —— 对流层延迟等效的距离；

cdT —— 接收机钟偏差等效的距离；

λN —— 载波相位周期模糊度等效的距离。

下面给出主要的偏差源引起的最大距离误差：

$d\rho$：　正常 20 m；

SA 打开 50 ～ 150 m；

dt：　300 000 m(使用广播电文校正降到 10 m)；

$\Delta^j_{i,I_g}(t)$：　正常变化 2 ～ 50 m，异常可达 150 m(在水平位置)，50 m(在天顶位置)；

$\Delta^j_{i,T}(t)$：　2 ～ 20 m(在水平位置上 10° 仰角)；

cdT：　10 ～ 100 m(取决于接收机频率源的类型)；

λN:　　任意的。

此处,多路径误差 0.2 ～ 3 m;

接收机噪声 0.1 ～ 3 m。

5.3 卫星的主要误差

5.3.1 卫星时钟的钟差

GPS 测量定位实质上是一个测时-测距定位系统,从而,GPS 测量定位精度与时钟误差密切相关。为此,GPS 测量均以 GPS 时间系统为统一标准,该时间系统由 GPS 地面监控系统确定和保持。为了保证卫星时钟的高精度,各 GPS 卫星均装置高精度的原子钟,但它们与 GPS 标准时之间仍存在有偏差和漂移。其偏差总量在 1 ～ 0.1 ms 以内,由此引起的等效距离误差将达 300 ～ 30 km。因此,必须予以精确修正。

卫星钟相对于 GPS 标准时的钟差参数在导航电文中已给出。它是由地面监测系统测定的。卫星 s^j 在 t^j 时刻的钟差按下式计算:

$$\delta t^j = a_0 + a_1(t^j - t_{oc}) + a_2(t^j - t_{oc})^2 \tag{5-1}$$

式中　t_{oc} —— 卫星钟差参数的参考时刻;

t^j —— 须计算卫星钟差的时刻;

(a_0, a_1, a_2) —— 卫星钟钟差参数。

经以上钟差改正后,各卫星 s^j 的钟时与 GPS 标准时之间的差异(同步误差)可保持在 20 ns 以内。由此引起的等效距离误差将不超过 6 m。但在美国实施 SA 技术后,卫星钟误差又引入了人为的信号随机抖动的误差。这在单点绝对定位中是无法消除的,只有采用相对定位或差分定位才能予以消除。

5.3.2 卫星星历误差

GPS 卫星导航电文中的广播星历是一种外推的预报星历。由于卫星在实际运行中受多种摄动力的复杂影响，故预报星历必然有误差，一般估计由星历计算的卫星位置的误差为 20 ～ 40 m。随着摄动力模型和定轨技术的改进，工作卫星的位置精度可能提高到 5 ～ 10 m。但这种改进后的星历仅提供给美国军方和特许用户使用。在美国实施 SA 技术后，所能获得的广播星历将具有更大误差。

GPS 测量定位是以卫星位置作为已知的基准值，来确定待定点的位置，因此，广播星历的误差严重地影响定位精度。如图 5－2 所示，轨道偏差将直接传给用户等价距离误差。根据观测方程式(4－33)，当卫星坐标(x^j,y^j,z^j) 有($\delta x^j,\delta y^j,\delta z^j,$) 的误差时，将引起距离误差为

$$\delta\rho_i^j = l_i^j\delta x^j + m_i^j\delta y^j + n_i^j\delta z^j \qquad (5-2)$$

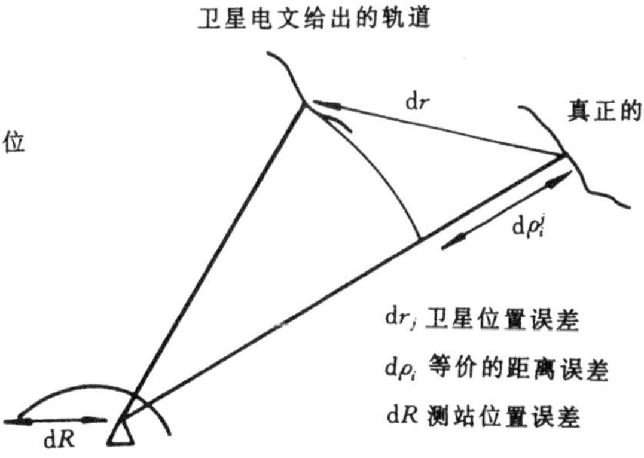

图 5－2　卫星轨道偏差

现设卫星坐标的均方差为 $\sigma_{x_j},\sigma_{y_j},\sigma_{z_j}$，则引起距离的均方差为

$$\sigma_{\rho_i^j} = \sqrt{(l_i^j\sigma_{x_j})^2 + (m_i^j\sigma_{y_j})^2 + (n_i^j\sigma_{z_j})^2} \qquad (5-3)$$

若近似认为

$$\sigma_{x_j} \approx \sigma_{y_j} \approx \sigma_{z_j} \approx \sigma_j \tag{5-4}$$

则因

$$(l_i^j)^2 + (m_i^j)^2 + (n_i^j)^2 = 1$$

得

$$\sigma_{\rho_i^j} = \sigma_j \tag{5-5}$$

由此可知，卫星坐标误差引起的距离误差约等于卫星各坐标误差的平均值。如各坐标均方误差为 20 ～ 40 m，就会引起定位距离误差 20 ～ 40 m，因此，单点绝对定位精度受星历误差的严重影响。另外，星历误差是一种系统性误差，不可能通过多次重复观测来消除。所以，研究消除星历误差的影响，特别是实施 SA 后，研究克服 SA 影响问题，是当前应用 GPS 的一个重要课题。

目前，使用 GPS 卫星广播电文提供的轨道信息，轨道偏差典型的是 20 m，偶然也会达到 80 m。当 SA 打开时，轨道偏差可能达到 50 ～ 100 m。在将来的运行跟踪网 OTN 实现后，广播电文提供的轨道精度可达到 5 ～ 10 m。

在许多动态定位应用和导航中，一般认为卫星电文给出的参数精度已足够，因此不考虑轨道误差。

在实际应用中，人们往往是根据对导航和定位精度的要求，考虑是否建立轨道偏差模型。通常有 3 种考虑：

(1) 认为卫星电文误差表现为几何偏差，如电文给出的轨道弧相对真轨道平移、旋转，在这种情况下，可以估计短弧或长弧轨道上的 1 ～ 6 个轨道偏差参数，如在大地测量等应用中。

(2) 假设卫星动力学模型，即使用动力学模型和 6 个初始条件确定精密的卫星轨道运动。

(3) 假设“自由轨道”，在每个观测时刻，估计独立的轨道偏差。

在相对定位中，差分方法（在后面的章节介绍）可以消除或大大减少轨道偏差的影响。这是至今所用的，能回避麻烦的轨道模型的较好方法。当然，使用差分观测估计轨道偏差需要轨道偏差的某些信息保持在差分观测中，这意味着 GPS 网扩展到更大的区域比在小区域更合适。

5.4　信号传播中的主要误差

信号传播的主要误差有：电离层延迟误差、对流层延迟误差和多路径效应误差。

5.4.1　电离层延迟误差的特性

电离层是高度位于 50～1 000 km 之间的大气层。由于太阳的强辐射，电离层中的部分气体分子将被电离而形成大量的自由电子和正离子。当电磁波信号穿过电离层时，传播速度会发生变化，所以信号传播时间乘以真空中的传播速度 c 就不等于信号的实际传播距离，从而引起测距误差。此误差称之为电离层延迟误差。

如图 5－3 所示，电离层可以划分为三个区域：D 区最低从 40～90 km，该区对无线电波的吸收起主要作用，电子密度在白天约为 2.5×10^{9} 个电子数 /m^3，夜间可以忽略不计。E 区为中间取从 90～160 km 范围，该区的电子密度随太阳天顶角及太阳活动有规律变化，电子密度在白天可达 2×10^{11} 个电子数 /m^3，足以反射频率为几兆赫兹的无线电波，夜间 E 区电子密度降低一个多量级。F 区在 E 区上面高达 1 000 km，F 区变化不规律，通常有许多异常现象或特性，如赤道异常和季节异常，电子密度的平均值在白天可达 2×10^{12} 个电子数 /m^3，夜间为 2×10^{11} 个电子数 /m^3，该区对无线电波反射起主要作用。

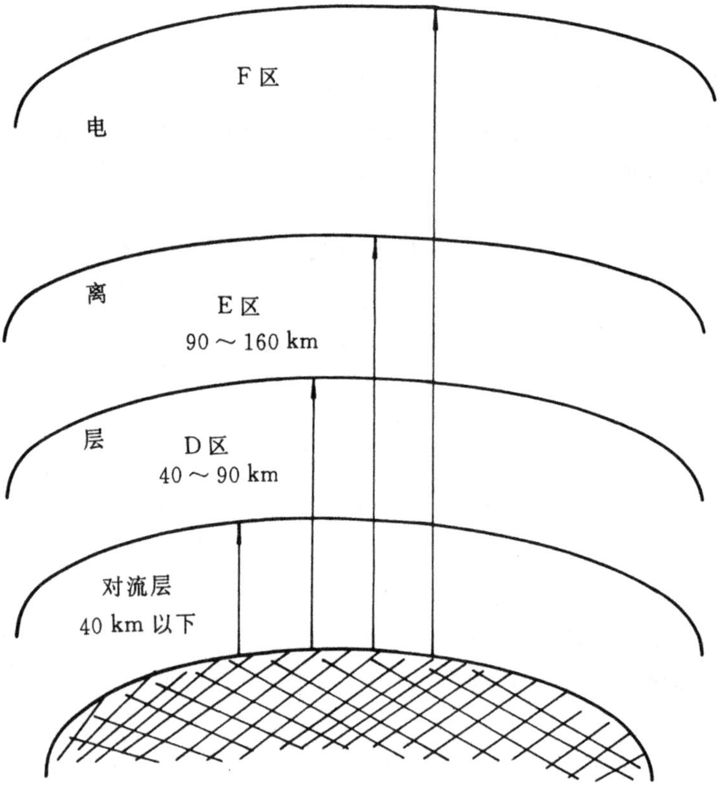

图 5 - 3 大气层的层次结构

1. 相位和群速度

考虑一个单一的电磁波，波长为 λ，频率为 f，在空间传播，它的相位速度为

$$v_{ph} = f\lambda \tag{5-6}$$

对于 GPS 系统，载波 L_1 和 L_2 也以此速度传播。但对于具有微小差别的不同频率的组波，其合成能量传播要用群速度定义，即

$$v_{gr} = \frac{df}{d\lambda}\lambda^2 \tag{5-7}$$

在 GPS 码测量中必须考虑这一速度。

相位的群速度的关系可推导如下：

$$dv_{ph} = f d\lambda + \lambda df \tag{5-8}$$

或

$$\frac{df}{d\lambda} = \frac{1}{\lambda}\frac{dv_{ph}}{d\lambda} - \frac{f}{\lambda} \tag{5-9}$$

把式(5-9)代入式(5-7)得

$$v_{gr} = -\lambda \frac{dv_{ph}}{d\lambda} + f\lambda \tag{5-10}$$

或得到 Rayleigh 方程

$$v_{gr} = v_{ph} - \lambda \frac{dv_{ph}}{d\lambda} \tag{5-11}$$

由式(5-8)可知，电磁波在含有散射的介质中传播，由于 df，$d\lambda$ 的存在，将引起相位速度的变化量 dv_{ph}，因此，由式(5-11)可得

$$v_{gr} \neq v_{ph}$$

而在非散射介质中

$$df = d\lambda = 0, \quad dv_{ph} = 0$$

由式(5-11)可得

$$v_{gr} = v_{ph} = c$$

即相位速度和群速度相等且等于真空中的光速 c(c = 299 792 458 m/s)。

在介质中，电磁波的传播速度取决于折射系数 n，一般讲，传播速度为

$$v = c/n \tag{5-12}$$

对应的相位速度和群速度为

$$v_{ph} = c/n_{ph} \tag{5-12$'$}$$

$$v_{gr} = c/n_{gr} \tag{5-13}$$

由式(5-12)′中 v_{ph} 对 λ 求微分，得

$$\frac{\mathrm{d}v_{ph}}{\mathrm{d}\lambda}=-\frac{c}{n_{ph}^2}\frac{\mathrm{d}n_{ph}}{\mathrm{d}\lambda} \tag{5-14}$$

由式(5-11)，(5-12)′，(5-13)和(5-14)得

$$\frac{c}{n_{gr}}=\frac{c}{n_{ph}}+\lambda\frac{c}{n_{ph}^2}\frac{\mathrm{d}n_{ph}}{\mathrm{d}\lambda} \tag{5-15}$$

或

$$\frac{1}{n_{gr}}=\frac{1}{n_{ph}}\left(1+\lambda\frac{1}{n_{ph}}\frac{\mathrm{d}n_{ph}}{\mathrm{d}\lambda}\right) \tag{5-16}$$

式(5-16)可以近似为

$$n_{gr}=n_{ph}-\lambda\mathrm{d}n_{ph}/\mathrm{d}\lambda \tag{5-17}$$

对 $c=f\lambda$ 关系式中的 f 和 λ 取微分有

$$\mathrm{d}\lambda/\lambda=-\mathrm{d}f/f \tag{5-18}$$

把式(5-18)代入式(5-17)得

$$n_{gr}=n_{ph}+f\mathrm{d}n_{ph}/\mathrm{d}f \tag{5-19}$$

2. 电离层折射影响

对 GPS 卫星信号而言，电离层是一种散射介质。相位折射系数 n_{ph} 可用下列近似公式表示：

$$n_{ph}=1+c_2/f^2+c_3/f^3+c_4/f^4+\cdots \tag{5-20}$$

系数 c_2,c_3,c_4 与频率无关，但与卫星信号传输路径上的电子密度 N_e(单位：电子数/m^3)有关。如果忽略式(5-20)中的高阶项，则

$$n_{ph}=1+c_2/f^2 \tag{5-21}$$

对上式求微分得

$$\mathrm{d}n_{ph}=-(2c_2/f^3)\mathrm{d}f \tag{5-22}$$

把式(5-21)和(5-22)代入式(5-19)得

$$n_{gr}=1+c_2/f^2-2c_2/f^3=1-c_2/f^2 \tag{5-23}$$

从式(5-21)和(5-23)可以看到相位和群折射系数以相反符号偏离单位量，引入 c_2 的估计值

$$c_2 = -40.3N_e(\text{Hz}^2) \tag{5-24}$$

则 $n_{gr} > n_{ph}$ 时，$v_{gr} < v_{ph}$。

由于不同的群速度和相位速度，群延迟和相位超前发生，换句话说，GPS码测量会延迟而载波相位测量会超前。因此，对卫星和接收机天线之间的距离而言，码伪距测量值会更大，而载波相位测量值更小。但在两种情况下，差是相同的。

3. *电离层延迟误差*

用伪随机码所测定的伪距，其电离层延迟误差为

$$\delta\rho_i^j = -40.28\frac{\int_s N_e \mathrm{d}s}{f^2} \tag{5-25}$$

式中　N_e—— 电子密度，每立方米中的电子数；

f—— 卫星信号的频率（载波频率）。

现引入一个新的量：电子总量 N_Σ，即指底面积为一个平方米贯穿整个电离层的柱体内所含的总电子数。用 N_Σ 代替式(5-25)的积分，则得

$$\delta\rho_i^j = -40.28\frac{N_\Sigma}{f^2} \tag{5-26}$$

由此可知，电离层延迟误差取决于电子总量 N_Σ 和信号频率 f。计算电离层延迟误差的主要困难在于电子总量 N_Σ 的复杂性。它随多种因素而变化，很难准确地确定。

首先，N_Σ 随地方时变化。由于大气所吸收的太阳辐射的能量和地方时有密切的关系，所以 N_Σ 也将随地方时变化而变化。图5-4是天顶方向电子总量随地方时的变化图。由图可知，N_Σ 随地方时作周日变化；白天的 N_Σ 大于夜晚的 N_Σ 值，所以白天电离层延迟误差大，夜晚小。N_Σ 的峰值约在地方时14h，此时电离层延迟误差最大。在夜晚（地方时0～6h，20～24h）的 N_Σ 变化小，可认为是个常值。在白天（6～20h）N_Σ 的变化可近似看做余弦波。

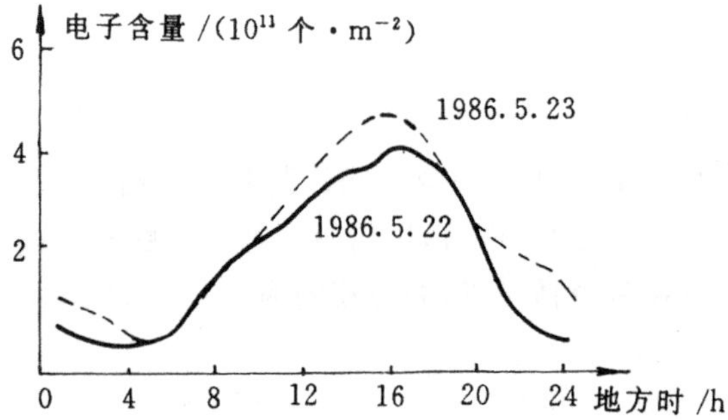

图 5-4 电子含量和地方时之间的关系

其次，电子总量 N_Σ 随太阳活动而变化。太阳活动强烈年份较平稳年份的电离层的电子总量，可相差 4 倍左右。另外，电子总量还随季节变化而作周年变化。

由上讨论可知，电子总量 N_Σ 与多种因素有关。至今尚未完全搞清楚其每一种因素通过什么方式来影响 N_Σ，还无法用一个严格的数学模型来描述其变化规律。

根据以上影响电子总量 N_Σ 的几种因素分析，对于电离延迟误差来说，可得出以下两点重要结论：

(1) 对于同一个测站，不同观测方向其电离层延迟误差不同：显然，天顶方向的电离层延迟误差最小；而仰角 E 愈低的方向，电离层延迟误差愈大。

(2) 不同测站的电离层延迟误差不同：这是因不同地点的地方时、季节不同，但相距不远的两点(如 30 ～ 50 km 以内) 的电离层延迟误差相关性很强，可近似认为同一卫星的电离层延迟误差基本相同。

4. *电离层延迟模型改正方法*

C/A 码单频接收机，其电离层延迟改正方法有两种：一是采用相对定位或差分定位的方法，因当两站相距不远时，两站观测同一卫星的电离层延迟误差可认为基本相同，因此通过相对定位或差分定位可以基本消除；二是模型改正的方法。

模型改正也有两种：一是直接采用导航电文所提供的电离层延迟改正 T_{gd}。此值是卫星在天顶方向（即仰角 $E=90°$）的电离层延迟改正，实际观测方向之改正数，尚须依 T_{gd} 和方向的仰角 E 计算；二是依据导航电文提供电离层延迟改正参数 $\alpha_0,\alpha_1,\alpha_2,\alpha_3$ 和 $\beta_0,\beta_1,\beta_2,\beta_3$ 按下述模型计算。

此模型是根据电离层延迟随地方时的变化规律，将晚上电离层延迟看做是一个常数，而将白天看做是余弦波的中正部分，如图 5-5 所示。

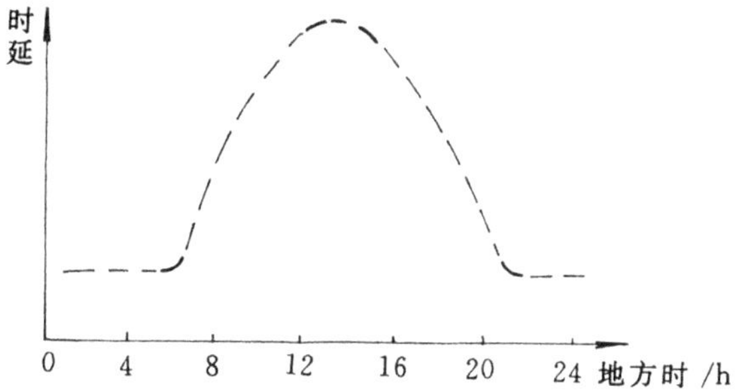

图 5-5 电离层延迟改正模型

计算改正公式：

(1) 任一时刻 t，天顶方向（$E=90°$）的电离层延迟改正 T_g 为

$$T_g = \mathrm{DC} + A\cos\frac{2\pi}{p}(t'-T_p) \tag{5-27}$$

(2) 任一时刻 t，仰角为 E 的观测方向电离层延迟改正

$$T'_g = \mathrm{SF}\cdot T_g \tag{5-28}$$

式中 DC—— 晚间电离层延迟量，$\mathrm{DC}=5\ \mathrm{ns}(5\times10^{-9}\ \mathrm{s})$；

T_p—— 最大电离层延迟所对应的地方时，$T_p=14\mathrm{h}$

(50 400 s)；

p—— 电离层延迟函数周期，s；

A—— 电离层延迟函数振幅，s；

$$\left.\begin{aligned} A &= \sum_{i=0}^{3} \alpha_i \varphi_m \\ p &= \sum_{i=0}^{3} \beta_i \varphi_m \end{aligned}\right\} \tag{5-29}$$

式中 α_i，β_i —— 导航电文提供的改正参数；

φ_m —— 电离层 K' 点的地磁纬度。

为了计算简便，将整个电离层压缩为一个单层，称为中心电离层或平均电离层，如图 5－6 所示。该层离地面的高度一般可取 350 km。K' 即为测站 K 至卫星方向与中心电离层的交点。只有 K' 才能反映整个信号所受到的电离层延迟影响的平均情况，故式(5－29)中 φ_m 为该点的地磁纬度。式(5－27)中的 t' 则为对应观测时刻 t 时 K' 的时角。

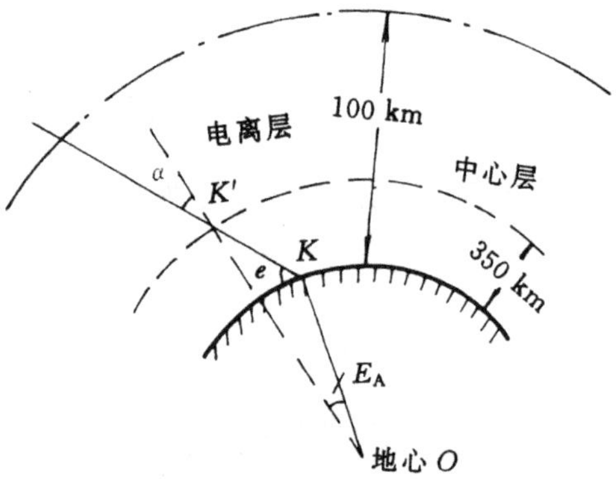

图 5－6 中心电离层

计算 t' 和 φ_m 的方法：

首先计算 K 和 K' 在地心的夹角 E_A(°)

$$E_A = \left(\frac{445}{E + 20°}\right) - 4° \tag{5-30}$$

式中 E 为观测卫星方向的仰角。

计算的地心经纬度

$$\left.\begin{aligned} \varphi_{k'} &= \varphi_k + E_A\cos\alpha \\ \lambda_{k'} &= \lambda_k + E_A\sin\alpha/\sin\varphi_{k'} \end{aligned}\right\} \tag{5-31}$$

式中　(φ_k, λ_k) —— 观测站 K 点的地心经、纬度；

α —— 观测卫星方向的方位角。

计算 K' 点的地方时 t'(s)

$$t' = \left(\mathrm{UT} + \frac{\lambda_{k'}}{15}\right) \times 3\ 600\ \mathrm{s} \tag{5-32}$$

式中 UT 为观测时刻 t 的世界时。

计算 K' 的地磁纬度 φ_m：

由于地球的磁北极位于

$$\varphi = 78.4°(\mathrm{N}),\quad \lambda = 291.0°(\mathrm{E})$$

因而 K' 的地磁纬度可按下式计算 φ_m(°)：

$$\varphi_m = \varphi_{k'} + 11.6\cos(\lambda_{k'} - 291°) \tag{5-33}$$

电离层延迟改正的实用计算公式：

现令

$$x = \frac{2\pi}{p}(t' - T_p)$$

将 $\cos x$ 展开

$$\cos x = 1 - x^2/2 + x^4/24$$

将此式代入式(5-27)得计算 T_g 的实用公式

$$T_g = \begin{cases} \mathrm{DC}, & |x| \geqslant \pi/2 \\ \mathrm{DC} + A(1 - x^2/2 + x^4/24), & |x| < \pi/2 \end{cases} \tag{5-34}$$

计算仰角为 E 的观测方向之 T_g' 的公式：

$$T'_g = SF \cdot T_g$$

式中

$$SF = 1 + 2\left(\frac{96° - E}{90°}\right)^3 \tag{5-35}$$

由于电离层延迟改正模型基本是一种经验估计公式，加之全球统一采用一组系数 α_i, β_i，因此用上述模型公式进行修正，大约可消除电离层延迟的60%左右。在个别情况下，可能还要差些。

以上计算出来的 T_g 和 T'_g 均以s(秒)为单位。若计算其等效距离，须乘以电磁波在真空中的传播速度 c。

5. 电离层延迟的双频改正

如果能利用P码进行伪距测量，则可利用双频伪距观测值进行电离层改正。GPS卫星采用两个载波频率，其中 L_1 的频率

$$f_1 = 1\ 575.42\ \text{MHz} = 154 \times 10.23\ \text{MHz}$$

L_2 的频率

$$f_2 = 1\ 226.60\ \text{MHz} = 120 \times 10.23\ \text{MHz}$$

在此两个载波上均调制有P码，分别称为 P_1 和 P_2 码。用P码进行伪距观测时，设其伪距观测值分别为 ρ_1 和 ρ_2，其电离层延迟为 $\delta\rho_{n_1}$ 和 $\delta\rho_{n_2}$。根据式(5-26)并令 $A = -40.28N_\Sigma$，可得

$$\delta\rho_{n_1} = A/f_1^2$$

$$\delta\rho_{n_2} = A/f_2^2$$

设 ρ_0 为消除了电离层延迟的信号传播距离，则

$$\left.\begin{aligned} \rho_0 &= \rho_1 + \frac{A}{f_1^2} \\ \rho_0 &= \rho_2 + \frac{A}{f_2^2} \end{aligned}\right\} \tag{5-36}$$

将两式相减，得

$$\Delta\rho = \rho_1 - \rho_2 = \frac{A}{f_2^2} - \frac{A}{f_1^2} = \frac{A}{f_1^2}\ \frac{f_1^2 - f_2^2}{f_2^2}$$

$$\Delta\rho = \delta\rho_{n_1}\left[\left(\frac{f_1}{f_2}\right)^2 - 1\right] = 0.6469\ \delta\rho_{n_1} \tag{5-37}$$

由此可导得

$$\delta\rho_{n_1} = \left(\frac{f_2^2}{f_1^2 - f_2^2}\right)\Delta\rho \tag{5-38}$$

$$\delta\rho_{n_1} = 1.54573\Delta\rho = 1.54573(\rho_1 - \rho_2)$$

$$\delta\rho_{n_2} = 2.54573\Delta\rho = 2.54573(\rho_1 - \rho_2)$$

最后，可得改正后的距离为

$$\left.\begin{aligned}\rho_0 &= \rho_1 + \delta\rho_{n_1} = \rho_1 + 1.54573\Delta\rho \\ \rho_0 &= \rho_2 + \delta\rho_{n_2} = \rho_2 + 2.54573\Delta\rho\end{aligned}\right\} \tag{5-39}$$

有的 GPS 接收机用调制在 L_1 载波上的 C/A 码测伪距 ρ_1，用调制在 L_2 载波上的 P 码测 ρ_2，其电离层延迟改正仍可采用式(5-39)计算，只是精度稍低些。

5.4.2 对流层延迟误差及其改正

对流层是高度为 40 km 以下的大气层。由于其离地面近，所以大气密度较电离层的密度大，且大气状态随地面的气候变化而变化。当电磁波通过对流层时，传播速度将产生变化，从而引起传播延迟。当天顶方向的对流层延迟约为 2.3 m，而仰角 E 为 10° 时，传播延迟将增大到约 13 m。

目前采用的对流层延迟的改正模型较多。这里主要介绍广泛采用的霍普菲尔德改正模型。其计算公式为

$$\delta\rho = \frac{K_d}{\sin(E^2 + 6.25)^{1/2}} + \frac{K_w}{\sin(E^2 + 2.25)^{1/2}} \tag{5-40}$$

式中

$$\left.\begin{aligned}K_d &= 155.2 \times 10^{-7}\frac{P_s}{T_s}(h_d - h_s) \\ K_w &= 155.2 \times 10^{-7}\frac{4810}{T_s^2}e_s(h_w - h_s)\end{aligned}\right\} \tag{5-41}$$

其中

$$\left.\begin{aligned} h_d &= 40\,136 + 148.72(T_s - 273.16)\ (\mathrm{m}) \\ h_w &= 11\,000\ (\mathrm{m}) \end{aligned}\right\} \tag{5-42}$$

计算公式中，T_s，P_s，e_s 为观测站上量测的气温、气压和水汽压。气温采用绝对温度，以度为单位；气压 p_s 和水汽压 e_s 以 100 Pa 为单位。而 $\delta\rho$，h_d，h_w 均以 m 为单位；仰角 E 以（角）度为单位。h_s 为测站之高程。

干温 t_s（$T_s = t_s + 273.16°$）和气压 P_s 可利用温度计和气压计在观测站（接收机天线附近）直接测定。但水汽压 e_s 不能直接测定，而是利用干湿温度计测定测站上的干温 T_s 和湿温 T_w，然后按下列公式计算 e_s（单位：100 Pa）。

$$e_s = e_w - 4.5 \times 10^{-4}(1 + 1.68 \times 10^{-8} T_w)(T_s - T_w)P_s \tag{5-43}$$

式中 e_w 为饱和水汽压，即

$$e_w = 1\,013.246\left(\frac{373.16}{T_w}\right)^{5.028\,08} \exp[-g(T_w)] \tag{5-44}$$

式中

$$g(T_w) = g_1(T_w) + g_2(T_w) + g_3(T_w) \tag{5-45}$$

式中

$$\left.\begin{aligned} g_1(T_w) &= 18.197\,28\left(\frac{373.16}{T_w} - 1\right) \\ g_2(T_w) &= 0.018\,726\,5\left\{1 - \exp\left[-8.039\,45 \times \left(\frac{373.16}{T_w} - 1\right)\right]\right\} \\ g_3(T_w) &= 3.181\,3 \times 10^{-7}\left\{\exp\left[26.120\,5 \times \left(1 - \frac{373.16}{T_w}\right)\right] - 1\right\} \end{aligned}\right\} \tag{5-46}$$

5.4.3 多路径效应误差

在实际的 GPS 测量中，接收机天线除接收直接来自卫星方向的信号外，还接收到其他物体反射回来的信号，因此，接收的信号是直射波和反射波产生干涉后的组合信号。由于直接波和各反射波路径不同，从而使信号变形，产生测量误差，称为多路径效应误差。

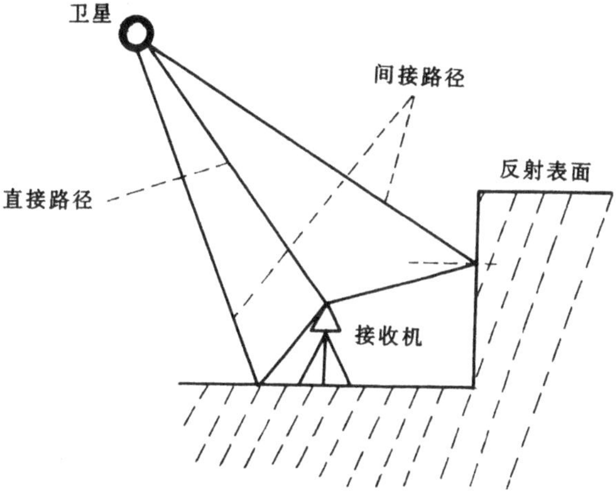

图 5－7　多路径影响

多路径主要由接收机附近的反射表面引起，如高大建筑物、军舰高层结构、飞机、航天飞机或其他空间飞行器的反射体等，如图 5－7 所示。在图 5－7 中，卫星信号通过三个不同的路径到达接收机天线，其中一个直接到达，两个间接到达。因此，接收机天线所收到的信号有相对相位偏移，而且这些相位差与路径长度成正比例。由于反射信号的路径几何形状是任意的，多路径作用没有通用的模型。但是，多路径的影响可以通过 L_1 和 L_2 码和载波相位测量差进行估计，其原理是基于如下事实：对流层，钟误差和相对论作用以相同的量影响码和载波相位测量，电离层和多路径作用是频率相关的。因此，一旦得到与电离层无关的码伪距和载波相位（如用电离层模型），并对它们进行差分处理，除多路径外，前面所述的所有影响可以消除，余下的主要是多路径影响。

在多路径分析中，如图5-8所示，由于电波要受到发射物体表面的反射，任何反射体有两个重要的介质特性：介质常数 K_r（无量纲）；传导率(s/m)。

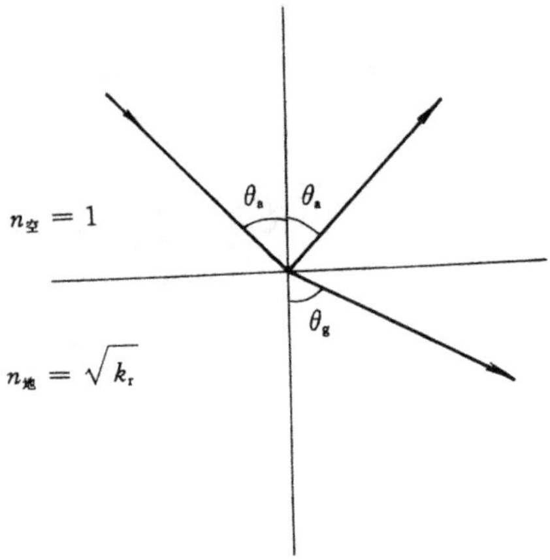

图5-8　多路径信号折射

地面的折射系数为

$$n_g = \sqrt{K_{rg}} \qquad (5-47)$$

根据折射定律(Snell 定律)，在多路径干扰信号入射角 θ_a 超过临界角 θ_{ac} 时，将产生反射信号。由于

$$\frac{n_a}{n_g} = \frac{\sin\theta_a}{\sin\theta_g} \qquad (5-48)$$

式中 θ_g 为地面折射角。

临界角 θ_{ac} 定义为：$\theta_g = 90°$，即 $\sin\theta_g = 1$ 时对应的 θ_a。则由式(5-48)可得

$$\theta_{ac} = \sin^{-1}(n_a/n_g) \qquad (5-49)$$

考虑到在空气中，折射系数 $n_a = 1$，故

$$\theta_{ac} = \sin^{-1}(1/n_g) \qquad (5-50)$$

则

$$E_{sat} = 90° - \theta_{ac}$$

E_{sat} 为反射物的卫星临界仰角。

表5-2给出了各种反射面的介质常数、传导率、折射系数和临界仰角。当反射物的卫星仰角($E_s = 90° - \theta_a$)小于 E_{sat} 时，多路径发生，反射信号的幅值取决于反射面的传导率。

表 5-2　反射面及其参数

反射面	典型的介质常数	传导率(mS/m)	折射系数	临界仰角(°)
海水	81	5 000	9.0	83.6
淡火	80	1	8.9	83.6
牧区低山区	20	30.3	4.5	77.1
牧区农业区	14	10	3.7	74.5
平坦的乡村沼泽林区	12	7.5	3.5	73.2
牧区中山区	13	6	3.6	73.9
多石头陡峭山区	13	2	3.6	73.9
沙漠平坦海岸	10	2	3.6	71.9
城市居住区	5	2	2.2	63.4
轻工业区	5	1	2.2	63.4
重工业区	3	0.1	1.7	54.7

注:这里的所有数据是在北美测量的结果,在此仅供参考。

因为多路径影响主要与接收机附近反射物的几何形状有关,也因这种几何形状在几天甚至更长时间是不变的,所以多路径特性具有周期性(大约 1 天),又由于卫星每天提前 4 min 出现,多路径的周期性也有 4 min 的提前。多路径的每日重复特性原理上可以用来估计它的主要影响,但目前这方面的研究报告并不多见。若不对多路径影响进行校正,它可能会成为接收机的主要误差源,当然其量值取决于环境、天线设计和观测时间的长短。

从图 5-1 也可以看到,如果把接收机天线直接放在反射表面,而不是用三角架,也能消除两个间接路径的影响。但是,垂直反射表面仍影响定位结果。因此,应把接收机天线尽可能放在远离反射表面的位置。

纯从几何特性上分析,很明显从低仰角卫星上收到的信号更易受多路径干扰,因此,选择卫星时应尽可能保证卫星仰角在 10°

～ 20° 之上。当设计接收机天线时，应使低仰角信号有低的增益。

也应该注意到码伪距受多路径影响比载波相位更严重，在独立的单一测量时刻，多路径对码伪距影响可达 10 ～ 20 m，在极坏的情况下甚至会出现卫星信号失锁。但在载波相位测量时，若有好的卫星几何特性(DOP 小）和长时间的观测，对短基线的相对定位，多路径产生的误差常小于 1 cm。但即使在这种情况下，接收机天线高度的变化也会增加多路径影响并使测量结果变差。

当把 GPS 接收机安装在航天飞机等空间飞行器上时，为了得到高精度的导航定位和定轨结果，除了从接收机硬件方面考虑外，还 可在实验室环境下，对天线可能所受到的多路径影响进行分析和仿真，并用固化在接收机中的软件进行消除。

5.5 与接收设备有关的误差

与用户接收设备有关的误差，主要包括观测误差、接收机钟差、天线相位中心误差和载波相位观测的整周不定性影响。

5.5.1 观测误差

这类误差，除观测的分辨误差之外，尚包括接收机天线相对测站点的安置误差。根据经验，一般认为观测的分辨误差约为信号波长的 1%。由此，对 GPS 码信号和载波信号的观测精度，将如表 5 - 3 所列。观测误差属偶然性质的误差，适当地增加观测量，将会明显地减弱其影响。

接收机天线相对观测站中心的安置误差，主要有天线的置平与对中误差和量取天线相位中心高度(天线高）的误差。例如，当天线高度为 1.6 m 时，如果天线置平误差为 0.1°，则由此引起光学对中器的对中误差，约为 3 mm。因此，在精密定位工作中，必须仔细操作，以尽量减小这种误差的影响。

表 5-3 码相位与载波相位的分辨误差

信号	波长/m	观测误差/m
P码	29.3	0.3
C/A码	293	2.9
载波 L_1	0.190 5	2.0×10^{-3}
载波 L_2	0.244 5	2.5×10^{-3}

5.5.2 接收机的钟差

GPS接收机一般设有高精度的石英钟，其日频率稳定度约为10^{-11}。如果接收机钟与卫星钟之间的同步差为1 μs，则由此引起的等效距离误差约为300 m。

处理接收机钟差比较有效的方法，是在每个观测站上，引入一个如式(4-5)所示的钟差参数，作为未知数，在数据处理中与观测站的位置参数一并求解。这时，如假设在每一观测瞬间，钟差都是独立的，则处理较为简单。所以，这一方法广泛地应用于实时动态绝对定位。在静态绝对定位中，也可像卫星钟那样，将接收机钟差表示为多项式的形式，并在观测量的平差计算中，求解多项式的系数。不过，这将涉及在构成钟差模型时，对钟差特性所作假设的正确性。

当定位精度要求较高时，可以采用高精度的外接频标（即时间标准），如铷原子钟或铯原子钟，以提高接收机时间标准的精度。在精密相对定位中，还可以利用观测值求差的方法，有效地减弱接收机钟差的影响。

5.5.3 载波相位观测的整周未知数

前已指出，载波相位观测法，是当前普遍采用的最精密的观测方法，它能够精确地测定卫星至观测站的距离（见表5-3）。但是，由于接收机只能测定载波相位非整周的小数部分，以及从某一起始历元至观测历元间，载波相位变化的整周数，而无法直接测定载波相位相应该起始历元在传播路径上变化的整周数。因而，在测相伪距观测值中，存在整周未知数的影响。这是载波相位观测法的主要缺点。

另外，载波相位观测，除了存在上述整周未知数之外，在观测过程中，还可能发生整周变跳问题。在用户接收机收到卫星信号并进行实时跟踪(锁定)后，载波信号的整周数，便可由接收机自动地计数。但是在中途，如果卫星的信号被阻挡或受到干扰，则接收机的跟踪便可能中断(失锁)。而在卫星信号被重新锁定后，被测载波相位的小数部分，将仍和未发生中断的情形一样，是连续的，可这时整周数却不再是连续的。这种情况称为整周变跳或周跳。周跳现象，在载波相位测量中是经常发生的，它对距离观测的影响和整周未知数的影响相似，在精密定位的数据处理中，都是一个非常重要的问题。对于有关处理整周未知数的周跳的方法，我们将在以后进一步加以介绍。

5.5.4 天线的相位中心位置偏差

在GPS定位中，无论是测码伪距或测相伪距，观测值都是以接收机天线的相位中心位置为准的，而天线的相位中心与其几何中心，在理论上应保持一致。可是，实际上天线的相位中心位置，随着信号输入的强度和方向不同而有所变化，即观测时相位中心的瞬时位置(一般称视相位中心)，与理论上的相位中心位置将有所不同。天线相位中心的偏差对相对定位结果的影响，根据天线性能的好坏，可达数毫米至数厘米。所以对于精密相对定位来说，这种影响也是不容忽视的。而如何减小相位中心的偏移，是天线设计中的一个迫切问题。

在实际工作中，如果使用同一类型的天线，在相距不远的两个或多个观测站上，同步观测了同一组卫星，那么，便可以通过观测值的求差，来削弱相位中心偏移的影响。不过，这时各观测站的天线，均应按天线附有的方位标进行定向，使之根据罗盘指向磁北极。根据不同的精度要求，定向偏差应保持在 3° ～ 5° 以内。

5.6　其他误差来源

除上述三类误差的影响外，这里再简单地介绍一下其他一些可能的误差来源，如地球自转以及相对论效应对 GPS 定位的影响。

5.6.1　地球自转的影响

在协议地球坐标系中，如果卫星的瞬时位置，是根据信号播发的瞬时计算的，那么尚应考虑地球自转的改正。因为当卫星信号传播到观测站时，与地球相固联的协议地球坐标系，相对卫星的上述瞬时位置，已产生了旋转（绕 Z 轴）。若取 ω 为地球的自转速度，则旋转的角度为

$$\Delta\alpha = \omega\Delta\tau_i^j \tag{5-51}$$

式中 $\Delta\tau_i^j$ 为卫星信号传播到观测站的时间延迟。由此引起卫星在上述坐标系中的坐标变化（Δ_x，Δ_y，Δ_z）为

$$\begin{bmatrix}\Delta_x\\ \Delta_y\\ \Delta_z\end{bmatrix} = \begin{bmatrix}0 & \sin\Delta\alpha & 0\\ -\sin\Delta\alpha & 0 & 0\\ 0 & 0 & 0\end{bmatrix}\begin{bmatrix}x^j\\ y^j\\ z^j\end{bmatrix} \tag{5-52}$$

其中（x^j，y^j，z^j）为卫星的瞬时坐标。

由于旋转角 $\Delta\alpha < 1.5''$，所以当取至一次微小项时，上式可简化为

$$\begin{bmatrix}\Delta_x\\\Delta_y\\\Delta_z\end{bmatrix}=\begin{bmatrix}0&\Delta\alpha&0\\-\Delta\alpha&0&0\\0&0&0\end{bmatrix}\begin{bmatrix}x^j\\y^j\\z^j\end{bmatrix}\tag{5-53}$$

5.6.2 相对论效应的影响

根据狭义相对论的观点，一个频率为 f 的振荡器安装在飞行的载体上，由于载体的运动，对地面的观测者来说将产生频率偏移。因此，在地面上具有频率为 f_0 的时钟，安设在以速度 v_s 运行的卫星上后，钟频将发生变化，其改变量已知为

$$\Delta f_1=-\frac{v_s^2}{2c^2}f_0\tag{5-54}$$

这说明，在狭义相对论的影响下，时钟安装在卫星上之后将变慢。若应用已知关系式

$$v_s^2=ga_m\left(\frac{a_m}{R_s}\right)\tag{5-55}$$

则式(5－58)便为

$$\Delta f_1=-\frac{ga_m}{2c^2}\left(\frac{a_m}{R_s}\right)f_0\tag{5-56}$$

式中 g —— 地面重力加速度；

c —— 光速；

a_m —— 地球平均半径；

R_s —— 卫星轨道平均半径。

另外，根据广义相对论，处于不同等位面的振荡器，其频率 f_0 将由于引力位不同而产生变化。这种现象，常称为引力频移，其大小可按下式估算：

$$\Delta f_2=\frac{\Delta W}{c^2}f_0\tag{5-57}$$

式中 ΔW 为不同等位面的位差，已知为

$$\Delta W = g a_{\rm m}\left(1 - \frac{a_{\rm m}}{R_{\rm s}}\right) \quad (5-58)$$

由此，卫星钟的引力频移可写为

$$\Delta f_2 = \frac{g a_{\rm m}}{c^2}\left(1 - \frac{a_{\rm m}}{R_{\rm s}}\right) f_0 \quad (5-59)$$

在狭义与广义相对论的综合影响下，卫星钟频率的变化应为

$$\Delta f = \Delta f_1 + \Delta f_2 = \frac{g a_{\rm m}}{c^2}\left(1 - \frac{3a_{\rm m}}{2R_{\rm s}}\right) f_0 \quad (5-60)$$

因为 GPS 卫星钟的标准频率 $f_0 = 10.23$ MHz，所以可得

$$\Delta f = 0.004\ 55\ \text{Hz} \quad (5-61)$$

这说明，GPS 的卫星钟比其安设在地面上走得要快，每秒约差 0.45 ms。消除这一影响的办法，一般是将 GPS 卫星钟的标准频率，减小约 4.5×10^{-3} Hz。

但是，由于地球的运动和卫星轨道高度的变化，以及地球重力场的变化，上述相对论效应的影响并非常数，所以，经上述改正后仍有残差，其对卫星钟差的影响约为

$$\delta t^j = -4.443 \times 10^{-10} e_{\rm s} \sqrt{a_{\rm s}} \sin E_{\rm s} (\text{s}) \quad (5-62)$$

式中　$e_{\rm s}$ —— 卫星轨道偏心率；

$a_{\rm s}$ —— 卫星轨道长半径；

$E_{\rm s}$ —— 偏近点角。

对卫星钟速 1(频偏) 的影响

$$\delta \dot{t}^j = -4.443 \times 10^{-10} e_{\rm s} \sqrt{a_{\rm s}} \cos E_{\rm s} \frac{{\rm d}E_{\rm s}}{{\rm d}t} \quad (5-63)$$

考虑到

$$\frac{{\rm d}E_{\rm s}}{{\rm d}t} = \frac{n}{1 - e_{\rm s}\cos E_{\rm s}}$$

上式可改写为

$$\delta \dot{t}^j = -4.443 \times 10^{-10} e_{\rm s} \sqrt{a_{\rm s}} \frac{n\cos E_{\rm s}}{1 - e_{\rm s}\cos E_{\rm s}} \quad (5-64)$$

式中 n 为卫星在轨道上运动的平均速度。

数字分析表明，上述残差对 GPS 时的影响，最大可达 70 ns，对卫星钟速的影响可达 0.01 ns/s。显然，对于精密的定位工作来说，这种影响是不应忽略的。

最后需要指出，在 GPS 定位中，除上述各种误差外，卫星钟和接收机钟振荡器的随机误差，大气折射模型和卫星轨道摄动模型的误差，地球潮汐以及信号传播的相对论效应等，也都会对 GPS 的观测量产生影响。

为了提高长距离相对定位的精度，以满足地球动力学研究的要求，研究这些误差来源，并确定它们的影响规律和改正方法，具有重要意义。

5.7 美国政府对 GPS 用户的限制性政策与用户的措施

5.7.1 美国对 GPS 用户的主要限制性政策

因为 GPS 定位技术，与美国的国防现代化发展密切相关，所以，为了保障美国的利益与安全，限制非经美国特许的用户利用 GPS 定位的精度，该系统除在设计方面，采取了许多保密性措施外，在系统运行中，还采取了或可能采取其他一些措施，来限制用户获取 GPS 观测量的精度。这些措施，目前主要包括：对不同的 GPS 用户，提供不同的服务方式；实施选择可用性（SA—Selective Availability）政策；精测距码（P 码）的加密措施（A-S—Anti-Spoofing）。

1. 对不同的 GPS 用户提供不同的服务方式

GPS 卫星发射的无线电信号，含有两种精度不同的测距码，即所谓 P 码（也称精码）和 C/A 码（也称粗码）。相应两种测距码，GPS 提供了两种定位服务方式，即精密定位服务（PPS—Precise

Positioning Service）和标准定位服务（SPS—Standard Positioning Service）。

精密定位服务（PPS），可提供 L_1 和 L_2 载波上的P码，L_1 载波上的C/A码，导航电文和消除SA影响的密钥。PPS的主要对象，是美国军事部门和其他经美国特许的用户。这类用户，可利用P码获得精度较高的观测量，且能通过卫星发射的两种频率信号量测距离，以消除电离层折射的影响。利用PPS单点实时定位的精度可达5～10 m。但是，P码是不公开的保密码，非经美国政府特许的广大用户难以利用。

标准定位服务（SPS），仅提供 L_1 载波上的C/A码和导航电文，其主要服务对象是非经美国政府特许的广大用户。这类用户只能利用C/A码获得精度较低的观测量，且只能采用调制在一种载波上的C/A码测量距离，无法利用双频技术消除电离层折射的影响。其单点实时定位的精度为20～40 m。

2. 实施选择可用性（SA）政策

为了进一步降低标准定位服务（SPS）的定位精度，以保障美国政府的利益与安全，对GPS工作卫星播发的信号，实行了SA政策，以进行人为的干扰。这种干扰，目前是通过所谓 ε(epsilon) 和 δ(delta) 两种技术实现的。

ε技术是干扰卫星星历数据，通过降低GPS卫星播发的轨道参数的精度，来降低利用C/A码进行实时单点定位的精度；δ技术是对GPS的基准信号，人为地引入一个高频抖动信号，以降低C/A码伪距观测量的精度。

目前，在SA的影响下，利用SPS的实时单点定位精度，降为约100 m（水平）和150 m（垂直）。而且，这种影响是可变的，在必要时，美国政府将可能进一步降低利用SPS的定位精度。

SA是针对非经美国政府特许的广大GPS用户，采取的降低实时定位精度的措施，而对能够利用精密定位服务（PPS）的用户，则可以利用密钥自动地消除SA的影响。

3. 精测距码的加密(A-S)措施

P码的加密措施,也叫“反电子欺骗”(A-S)措施。当P码已被解密,或在战时,对方如果知道了特许用户接收机所接收卫星信号的频率和相位,便可以发射适当频率的干扰信号,诱使特许用户的接收机错锁信号,产生错误的导航信息。为了防止这种电子欺骗,进一步加密P码,美国将在必要时引入机密码W,并通过P码与W码的模2相加,将P码转换成Y码。由于W码是严格保密的,所以非特许用户,将无法继续应用P码进行精密定位和进行上述电子欺骗。

在上述措施的影响下,目前不同用户利用GPS进行实时定位可能达到的精度(平面),大致如表5-4所列。

表5-4 实时单点定位的精度(平面,m)

实施政策 \ 服务方式		SPS		PPS	
SA	A-S	C/A	P	C/A	P(Y)
关	关	40	10	40	10
开	关	100	95	40	10
开	开	100	—	40	10
关	开	40	—	40	10

5.7.2 非特许GPS用户对美国限制性政策的措施

美国政府对GPS用户所采取的限制性政策,世界各国的广大非特许用户都极为关注。为了摆脱或减弱上述限制性政策的影响,广大用户广泛地开展了许多意义重大的研究、开发与实验工作,并取得了有效的结果。当前采取的主要措施包括以下几个部分。

1. 建立独立的 GPS 卫星测轨系统

利用 GPS 卫星，建立独立的跟踪系统，以精密地测定卫星的轨道为用户提供服务，是克服上述美国限制性政策的一项有效措施。它对促进 GPS 的广泛应用具有重大意义。

所以，除美国一些民用部门外，加拿大、澳大利亚和欧洲的一些国家，都在实施建立区域性或全球性精密测轨系统的计划。其中值得注意的是，以美国为首，从 1986 年开始建立的国际合作 GPS 卫星跟踪网 (CIGNET — Cooperative International GPS Satellite Tracking Network)，其跟踪站的分布已扩展至欧、亚、非、美、大洋洲等五大洲，该跟踪网的测轨精度可达分米级。

此外，还应着重指出，为了精密地确定 GPS 卫星星历、地球自转参数、跟踪站的坐标和时钟与电离层信息，以满足地球动力学研究和电离层监测等项工作的需要，于 1993 年国际大地测量学协会 (IAG—International Association of Geodesy) 正式宣布成立了国际 GPS 地球动力学服务组织(IGS—International GPS Service for Geodynamics)，并计划在全球范围内，建立一个高精度的 GPS 卫星跟踪网。该网拟定包括 30 ～ 40 个核心站和 150 ～ 200 个基准站。其中核心站连续跟踪 GPS 卫星，其观测数据主要用于计算卫星的精密星历，测定地球自转参数和监测地球参考系的变化；基准站则主要对 GPS 卫星进行周期性地重复观测，以精确地传递地球参考系的坐标和监测 IGS 网的基线向量变化 。

在 IGS 正式宣布成立之前，IGS 网已于 1992 年进行了首次国际联合观测，并取得了重要的成果。该网所确定的 GPS 卫星星历的精度为分米级。

建立区域性测轨系统的措施，对我国利用和普及 GPS 定位技术，推进导航与测绘科学技术的现代化，也具有重要的现实意义。

2. 建立独立的卫星定位系统

目前，一些国家和地区正在发展自己的卫星定位系统。尤其是前苏联正在建立的全球导航卫星系统(GLONASS—Global Navigation Satellite System)引起了世界各国的普遍兴趣。GLONASS计划包括24颗卫星(含3颗备用卫星),均匀分布在3个轨道面上(如图5-9),轨道面的倾角为64.8°,运行周期约为11小时15分,卫星信号采用了两种载波,其频率分别为1.6 GHz和1.2 GHz。目前该系统导航的精度,平面位置约为100 m,速度为15 cm/s,时间为1 μs。

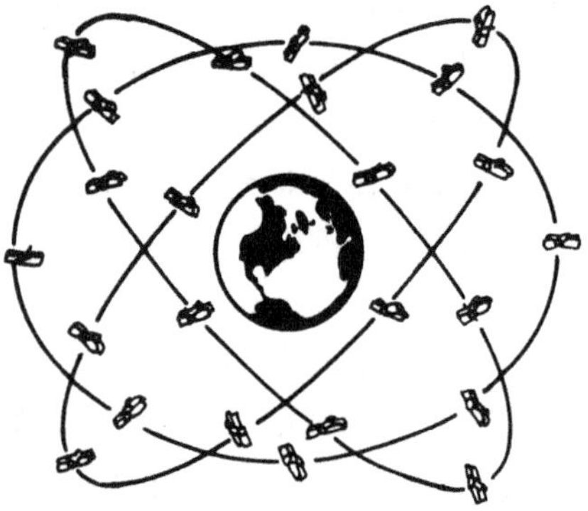

图5-9 GLONASS卫星星座

另外,欧洲空间局(ESA—European Space Agency)也曾规划和发展一种以民用为主的卫星定位系统(简称NAVSAT)。该系统计划包括6颗地球同步卫星和12颗高椭圆轨道卫星。但由于经济上的原因,目前该计划的实施遇到了困难。

上述几种不同卫星定位系统的主要特征,如表5-5所列。建立独立的卫星定位系统,尽管可以完全摆脱对美国GPS的依赖,但这是一项技术复杂、耗资巨大的工程,对于经济和技术尚在发展中的国家来说,将是困难的。

表5-5 不同卫星定位系统的主要特征

卫星定位系统	星座卫星数目/颗	卫星平均高度/km	卫星运行周期/min	载波频率/MHz	
				L_1	L_2
GPS(美国)	21+3	20 200	718	1 565～1 586	1 217～1 238
GLONASS(前苏联)	21+3	19 100	675	1 603～1 616	1 246～1 256
NAVSAT(欧洲空间局)	12+6	20 178*	720	1 561～1 569	1 224～1 232

* 高椭圆轨道卫星的平均高度。

3. 开发GPS与GLONASS兼容接收机

由于GPS和GLONASS在系统的构成、工作卫星的数目、工作频段及定位的原理等方面，都是相类似的，所以，研究与开发能同时跟踪、观测两系统卫星信号的兼容接收机，受到了世界各国的普遍重视。GPS/GLONASS一体化的接收机，不仅增加了可观测的卫星数目，改善了观测卫星的几何分布，更重要的是，可以有效地减弱美国限制性政策的影响(如实施SA)，提高导航的安全性、可靠性和精确性。

4. 研究与开发差分GPS定位技术

差分GPS(DGPS—Differential GPS)，通常主要是指GPS用户，应用测距码进行实时相对定位的技术。由于在相邻两观测站上，SA对同一GPS卫星观测值的影响，具有很强的相关性，因此，在一定范围内，采用这一定位技术可以明显地减弱SA等项误差的影响，显著地提高定位的精度。

差分GPS定位技术，是目前GPS用户，为消除或减弱SA等项误差影响的有效措施之一，因而受到广泛的重视，应用极其普遍。

另外，为克服美国对GPS用户的限制，进一步改善GPS接收机对卫星信号的跟踪技术,研究与完善GPS定位的工作模式和数据处理方法,并开发相应的软件,对发展与普及GPS定位技术,提高定位的精度,均具有重要的现实意义。

第六章　差分 GPS

众所周知，GPS 系统具有定位精度高，能连续实时地给出用户的三维位置和速度数据，全球覆盖，全天候工作等许多特点，为军民用户的导航定位提供了非常方便的手段。虽然 GPS 系统的军用 P 码是保密的，但利用 C/A 码定位也能获得很高的定位精度（比该系统原设计精度高一个数量级）。美国政府为其本国利益，于 1990 年 3 月 17 日采用了选择可用性（SA）措施，即对第二批正式投入工作的卫星加上频率抖动和卫星星历数据偏量，使 C/A 码的精度降低为 100 m 左右。因此，对于一些要求更高精度的应用场合，如港口导航、飞机精密进场着陆、大地测绘及导弹轨迹测量等，精度就显得不够了，所以，进一步提高 GPS 的精度，对军事和民用来说都具有重大意义。为此，自 SA 宣布之后，世界各国的 GPS 用户为解决高精度定位问题，非常重视差分 GPS 技术的研究。

所谓差分 GPS，是把一部基准 GPS 接收机放在位置已精确测定的点上，将这部 GPS 接收机产生的定位数据与其准确的位置相比较，以求得 GPS 系统在该点的位置或伪距测量误差，再将这些误差值通过发射台（差分台）播发出去。附近的 GPS 用户在接收到来自差分台的误差信号之后，便用其校准自己的 GPS 测量值，从而达到提高其精度的效果。差分技术的基础是，在同一地区内，GPS 缓慢变化的系统误差，包括选择可用性，其对定位精度的影响是相同或相近的，因此，经差分处理后会显著地消除它们，从而改善系统精度，这已为理论分析和实际试验所证明。

差分技术很早就被人们所应用，它实际上是在一个测站对两个目标的观测量，两个测站对一个目标的观测量或一个测站对一个目标的两次观测量之间进行求差，其目的在于消除公共项，包括公共误差和公共参数。

GPS 定位误差可分为三大类：

(1) 对每一个用户接收机所公有的，即卫星钟误差、星历误差、电离层误差和对流层误差。

(2) 不能由用户测量或由校正模型来计算的传播延迟误差。

(3) 各用户接收机所固有的误差，即内部噪声、通道延迟和多路径效应。

利用差分技术，第一类误差可完全消除，第二类误差大部分可消除，其主要取决于基准接收机和用户接收机的距离，第三类误差则无法消除。

除此之外，美国政府实施了 SA 政策，其结果使卫星钟差和星历误差显著增加，使原来的实时定位精度从 15 m 降至 100 m。在这种情况下，利用差分技术能消除这一部分误差，更显示出差分 GPS 的优越性。

差分 GPS 系统经过 10 多年的发展和完善，其优越性已越来越为人们所重视。近年来，在世界各地，尤其在欧洲、美国等十分重视差分 GPS 系统的研究和应用。美国海岸警备队已在东海岸建立了以无线电信标为基础的差分 GPS 系统服务网络。其他许多国家，诸如英国、德国、法国、加拿大、挪威、荷兰和芬兰等都已建立或正在酝酿建立自己的差分 GPS 系统。

差分 GPS 系统可以广泛地用于军事导航、精密导弹制导、飞机精密进场引导、车辆导航、近海及港口精密导航、海洋资源勘探、大地测绘、港口及航道测量与维护等军民应用场合。

本章将给读者详细介绍有关 DGPS（差分 GPS）的技术和应用。

6.1 差分 GPS 的主要类型

根据差分 GPS 基准站发送的信息方式可将差分 GPS 定位分为 4 类,即位置差分、伪距差分、相位平滑伪距差分和相位差分。其工作原理相同,即都是由基准站发送改正数,由用户站接收并对其测量结果进行改正,以获得精确的定位结果,所不同的是,发送改正数的具体内容不一样,其差分定位精度也不同。

6.1.1 位置差分

从系统的构成和原理上讲,位置差分都是最简单的一种差分方式。安装在参考站上的 GPS 接收机观测 4 颗卫星后便可进行三维定位,解算出参考站的坐标。由于存在着轨道误差、时钟误差、SA 影响、大气影响、多路径效应以及其他误差,解算出的坐标与参考站的已知坐标是不一样的,其误差为

$$\left.\begin{aligned}\Delta x &= x' - x_0 \\ \Delta y &= y' - y_0 \\ \Delta z &= z' - z_0\end{aligned}\right\} \qquad (6-1)$$

式中 x', y', z' ——GPS 实测的坐标;

x_0, y_0, z_0 —— 采用其他方法求得的参考站精确坐标;

$\Delta x, \Delta y, \Delta z$ —— 坐标修正量。

参考站利用数据链将此修正量发送出去,由用户站接收并对其解算的用户站坐标进行修正,即

$$\left.\begin{aligned}x_u &= x'_u - \Delta x \\ y_u &= y'_u - \Delta y \\ z_u &= z'_u - \Delta z\end{aligned}\right\} \qquad (6-2)$$

考虑到修正量在 t_0 时刻形成,而在 t_u 时刻被用户利用,可能造成修正量的“老化”,加入附加的修正,有

$$\left.\begin{aligned} x_u(t_u) &= x'_u(t_u) - \Delta x(t_0) + \frac{d}{dt}\Delta x(t)(t_u - t_0) \\ y_u(t_u) &= y'_u(t_u) - \Delta y(t_0) + \frac{d}{dt}\Delta y(t)(t_u - t_0) \\ z_u(t_u) &= z'_u(t_u) - \Delta z(t_0) + \frac{d}{dt}\Delta z(t)(t_u - t_0) \end{aligned}\right\} \quad (6-3)$$

这种差分方式的优点是计算方法简单，只需在解算的坐标中加修正量即可，能适用于一切 GPS 接收机，包括最简单的接收机。缺点是必须严格保持参考站与用户观测同一组卫星。如果有 8 颗可观测卫星，将组成 70 个组合，由于观测环境不同，特别是用户处于运动状态之中时，无法保证两站观测同一组卫星。

如图 6-1 所示，用户 U 和卫星 s_i 之间有如下关系：

$$\boldsymbol{r}_u = \boldsymbol{r}_{si} - \boldsymbol{r}_i \quad (6-4)$$

式中 $\boldsymbol{r}_u$ —— 地心至用户的矢径；

$\boldsymbol{r}_{si}$ —— 地心至卫星 s_i 的矢径；

$\boldsymbol{r}_i$ —— 用户 U 至卫星 s_i 的矢径。

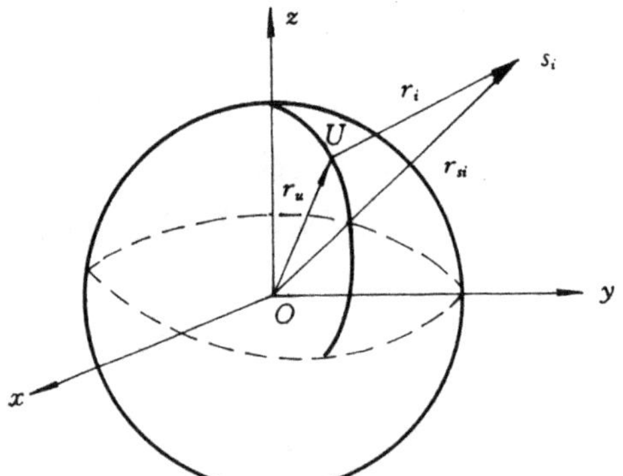

图 6-1

接收机观测到的伪距 ρ_i 可表示为

$$\rho_i = r_i + l_u + l_{si} \tag{6-5}$$

式中　r_i ——$\boldsymbol{r}_i$ 矢量的模，即用户至卫星的距离；

l_u—— 用户钟差对应的空间距离；

l_{si}—— 卫星钟差对应的空间距离。

设 $\boldsymbol{e}_i = \boldsymbol{r}_i / r_i$ 为用户至卫星 s_i 的单位矢量，则

$$\boldsymbol{e}_i \cdot \boldsymbol{r}_u - l_u = \boldsymbol{e}_i \cdot \boldsymbol{r}_{si} + l_{si} - \rho_i \tag{6-6}$$

当同时观测 4 颗卫星时，取 $i = 1 \sim 4$，在地心坐标系 $oxyz$ 中写出上式的分量方程，即

$$\begin{bmatrix} l_1 & m_1 & n_1 & 1 \\ l_2 & m_2 & n_2 & 1 \\ l_3 & m_3 & n_3 & 1 \\ l_4 & m_4 & n_4 & 1 \end{bmatrix} \begin{bmatrix} x_u \\ y_u \\ z_u \\ -l_u \end{bmatrix} = \begin{bmatrix} E_1 & 0 & 0 & 0 \\ 0 & E_2 & 0 & 0 \\ 0 & 0 & E_3 & 0 \\ 0 & 0 & 0 & E_4 \end{bmatrix} \begin{bmatrix} s_1 \\ s_2 \\ s_3 \\ s_4 \end{bmatrix} - \begin{bmatrix} \rho_1 \\ \rho_2 \\ \rho_3 \\ \rho_4 \end{bmatrix} \tag{6-7}$$

式中　(l_i, m_i, n_i) ——e_i 在地心坐标系 $oxyz$ 中的方向余弦；

(x_u, y_u, z_u) —— 用户坐标；

(x_{si}, y_{si}, z_{si})—— 卫星 s_i 的坐标；

$s_i = [x_{si} \quad y_{si} \quad z_{si} \quad 1]$；

$E_i = [l_i \quad m_i \quad n_i \quad l_{si}]$；

设 $X_u = [x_u \quad y_u \quad z_u \quad -l_u]^{\mathrm{T}}$ 为用户状态阵；

$\boldsymbol{S} = [s_1 \quad s_2 \quad s_3 \quad s_4]^{\mathrm{T}}$ 为卫星状态阵；

$\boldsymbol{\rho} = [\rho_1 \quad \rho_2 \quad \rho_3 \quad \rho_4]^{\mathrm{T}}$ 为伪矩阵；

$A_u = \mathrm{diag}[E_1 \quad E_2 \quad E_3 \quad E_4]$

$$G_u = \begin{bmatrix} l_1 & m_1 & n_1 & 1 \\ l_2 & m_2 & n_2 & 1 \\ l_3 & m_3 & n_3 & 1 \\ l_4 & m_4 & n_4 & 1 \end{bmatrix}$$

于是式(6－7)可写为

$$G_u X_u = A_u S - \rho \tag{6-8}$$

或

$$X_u = G_u^{-1}[A_u S - \rho] \tag{6-9}$$

在位置差分方式中，参考站 a 和用户 b 的定位误差 ΔX_a，ΔX_b 可表示为

$$\Delta X_a = G_{ua}^{-1}(A_{ua}\Delta S_a - \Delta\rho_a)$$

$$\Delta X_b = G_{ub}^{-1}(A_{ub}\Delta S_b - \Delta\rho_b)$$

当 a，b 两处的接收机观测同一卫星组时

$$\Delta S_a = \Delta S_b = \Delta S$$

位置差分定位误差 ΔX_d 为

$$\Delta X_d = \Delta X_b - \Delta X_a =$$

$$(G_{ub}^{-1}A_{ub} - G_{ua}^{-1}A_{ua})\Delta S + G_{ua}^{-1}\Delta\rho_a - G_{ub}^{-1}\Delta\rho_b \tag{6-10}$$

上式右端第一项由卫星至用户视线的方向余弦组成，当 a，b 两点相距不远时可以忽略括号中的项，式(6－10)变为

$$\Delta X_d = G_{ua}^{-1}\Delta\rho_a - G_{ub}^{-1}\Delta\rho_b \tag{6-11}$$

根据误差源的性质，伪距误差 $\Delta\rho$ 可以分为系统误差 B 和随机误差 V 两部分，于是上式又可写为

$$\Delta X_d = G_{ua}^{-1}B_a - G_{ub}^{-1}B_b + G_{ua}^{-1}V_a - G_{ub}^{-1}V_b \tag{6-12}$$

认为 V_a 与 V_b 相互独立且 $E\{V_a\} = E\{V_b\} = 0$；B_a 与 B_b 中绝大部分是共同的，令

$$\left.\begin{aligned} \Delta B &= B_b - B_a \\ \Delta G &= G_{ub}^{-1} - G_{ua}^{-1} \\ P &= E\{\Delta X_d \Delta X_d^T\} \end{aligned}\right\} \tag{6-13}$$

由式(6－12)和(6－13)并忽略三阶小量，得

$$P = G_{ua}^{-1}\Delta B B_a^T \Delta G^T + \Delta G B_a B_a^T \Delta G^T +$$

$$G_{ua}^{-1}\Delta B \Delta B^T (G_{ua}^{-1})^T + \Delta G B_a \Delta B^T (G_{ua}^{-1})^T +$$

$$G_{ua}^{-1}\sigma_{va}^{2}(G_{ua}^{-1})^{T}+G_{ub}^{-1}\sigma_{vb}^{2}(G_{ub}^{-1})^{T} \tag{6-14}$$

式中

$$\sigma_{va}^{2}=E\{V_{a}V_{a}^{T}\}$$

$$\sigma_{vb}^{2}=E\{V_{b}V_{b}^{T}\}$$

由式(6-14)可以看出，测距系统误差 B 引起的定位误差只剩下二阶小量，因此，位置差分已将绝大部分系统误差消除了。由测距随机误差 V 引起的定位误差增大了，但 V 引起的定位误差在系统总误差中所占比例很小，所以，总体上的定位误差大幅度降低。

由式(6-12)和(6-14)可以看出，消除系统误差的关键在于

$$G_{ua}^{-1}\approx G_{ub}^{-1},\quad B_{a}\approx B_{b}$$

G_u 取决于卫星至用户矢径的方向余弦，而由电离层延迟、对流层延迟等因素引起的系统误差 B 取决于卫星至用户的电磁波传播路径。若用户至卫星的矢径指向变化 1°～2°，可以认为，G_u 和 B 变化不大。由于用户至卫星的距离大于 20 000 km，矢径方向变化 1°～2°，相当于地面上用户位置变化 350～700 km 以上。因此，位置差分法适用于用户与基准站间距离在 1 000 km 以内的情况。

6.1.2　伪距差分

伪距差分是目前用途最广的一种差分技术，几乎所有的商用差分 GPS 接收机均采用这种技术，RTCM 和 RTCA 均推荐伪距差分。

在参考站上的接收机要求得到它至可见卫星的距离，并将此计算出的距离与含有误差的测量值加以比较，利用一个 $\alpha-\beta$ 滤波器将此差值滤波并求出其偏差。然后将所有卫星的测距误差传输给用户，用户利用此测距误差来修正测量的伪距。最后，用户利用修正后的伪距求解出本身的位置。

基准站的 GPS 接收机测量出全部卫星的伪距 ρ^{j} 和收集全部卫星的星历文件 (A,e,ω,Ω,i,t 等)。利用已采集的轨道根数可计

算出各个卫星的地心坐标 $(X,Y,Z)_i$，同时，可采用各种方法精确求出基准站的地心坐标$(X,Y,Z)_b$。这样，利用每一时刻计算的卫星地心坐标和基准站的已知地心坐标反求出每一时刻到基准站的真距 R_i。

设参考站的地心坐标为(x_b,y_b,z_b)，参考站到卫星 s_i 的真实距离为

$$R_i=[(x_{si}-x_b)^2+(y_{si}-y_b)^2+(z_{si}-z_b)^2]^{1/2}$$

伪距修正量和它的变化率分别为

$$\Delta\rho_i=R_i-\rho_i$$

$$\Delta\dot{\rho}_i=\Delta\rho_i/\Delta t$$

因而加给用户的修正量为

$$\Delta\rho_i^{u}=\Delta\rho_i+(\Delta\dot{\rho}_i)(t-t_0)$$

基准站将 $\Delta\rho_i$ 和 $\Delta\dot{\rho}_i$ 传送给用户台，用户台测量出伪距 ρ_i^{u}，再加上以上的改正数，便求得经过改正的伪距，即

$$\rho_{icorr}^{u}(t)=\rho_i^{u}(t)+\Delta\rho_i(t)+\Delta\dot{\rho}_i(t-t_0)$$

利用改正后的伪距 ρ_{icorr}^{u} 只要观测 4 颗卫星，就可按下式计算用户站的坐标，即

$$\rho_{icorr}^{u}=R_i^{u}+c\mathrm{d}\tau+V_1=$$

$$\sqrt{(x_{si}-x_u)^2+(y_{si}-y_u)^2+(z_{si}-z_u)}+c\mathrm{d}\tau+V_1$$

式中　$\mathrm{d}\tau$ —— 用户钟差；

　　V_1 —— 用户接收机噪声。

这种差分的优点：

(1) 修正量是直接在 WGS84 坐标系上计算的，无须坐标变换，因而可保证精度。

(2) 这种方法能提供伪距修正量及其变化率，可以精确地考虑时间延迟的影响。

(3) 它能提供所有卫星的修正量，用户可选用任意 4 颗卫星

定位。

与位置差分相似，伪距差分能将两站绝大部分公共误差消除，但随用户到参考站距离的增加，系统误差将增大。

表 6－1 是差分 GPS 误差随用户至参考站距离变化的预算[1]。

表 6－1　DGPS 误差预算

距离 /km	0	30	150	300	600
卫星时钟误差 /m	0	0	0	0	0
卫星星历误差 /m	0	0.1	0.5	1	2
电离层效应 /m	0	2.7	5.3	7.0	9.0
对流层效应 /m	0	2	2	2	2
接收机噪声 /m	1	1	1	1	1
UERE (RMS)	1	3.5	5.8	7.4	9.5

虽然表 6－1 中的数值代表了一种特殊工作环境下的结果，但其变化趋势已足以说明某些误差被 DGPS 彻底消除了，另一些误差不受距离变化的影响，更多的误差随距离增大而增大，其原因如下：

由于卫星上的钟与 GPS 时间并非精确同步，故 GPS 信号中所含的卫星位置也无法与实际位置相一致。如图 6－2 所示，若实际位置与 GPS 信号传播的位置之间所预想的斜距为 d，当用户用基准站传输的误差 δR 校正其伪距测量值时，由于两者相距 D，故 $\delta R \neq \delta R'$。

斜距测量校正的剩余误差 e_{ub} 为

$$|e_{ub}| = |\delta R - \delta R'| \leqslant \frac{Dd}{\rho}\cos\alpha \qquad (6-15)$$

由式(6－15)可见：

(1) 用户离基准站的距离越大，用 GPS 差分法得到的位置精度越低。

(2) 如果把 $\sigma = d\cos\alpha$ 理解为卫星的位置误差，可直接得到对

卫星位置的精确测定与差分法定位精度的相关关系，即

$$|e_{ub}| \leqslant \frac{D}{\rho}\sigma$$

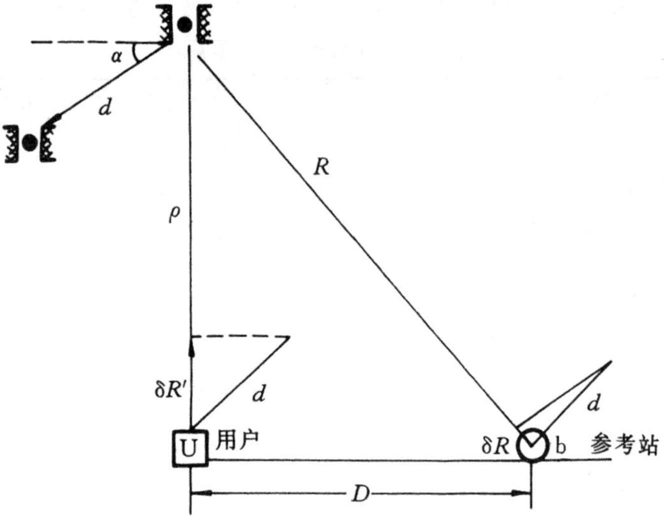

图 6-2 卫星位置误差与用户位置误差关系

例 设卫星位置误差 $\sigma = 100$ m，用户至基准站距离 $D = 100$ km，伪距 $= 20\ 000$ km，则

$$|e_{ub}| \leqslant \frac{100 \times 100}{20\ 000} = 0.5 \text{ m}$$

e_{ub} 是用差分法无法再消除的用户斜距测量时存在的误差。

6.1.3 广域差分和局域差分

广域差分是伪距差分在空域上的扩展，旨在消除用户至参考站距离对差分工作的影响。实现广域差分的方式有很多种，这不仅取决于工作空域大小，还与用户的性质有关，但基本上都包括了对主要误差源的附加修正。

FAA（联邦航空局）在其1994年的一项计划中列出了卫星导航系统将支持未来NAS（National Airspace System）的飞行安全性、有效性、增加机场和空域能力等一系列要求，正在着手推行WAAS（广域系统）和LAAS（局域系统）方案。WAAS用来改善GPS SPS信号的完善性、可用性和精度，通过卫星广播对飞机的基本GPS SPS修正信号，支持从航路直到Cat. Ⅰ的所有飞行阶段的基本导航方式。LAAS也能改善GPS SPS信号的能力，支持Cat. Ⅰ到Cat. Ⅲ的精密进场，它的修正信号是通过在飞机视线内的地面参考站发布的，作用距离通常不超过80 km。1995年FAA完成了用DGPS进行Cat. Ⅲb自动着陆可行性的飞行测试，Boeing公司进行了它自己的类似实验，采用B—757飞机和分别由Collins/DASA，Honeywell/Pelorus，Litton/hilcox提供的设备，其中Collins/DASA开发的系统于1996年3月在西安咸阳机场进行了演示。

WAAS在TAA那里的定义是，以GPS为基础的导航增强系统，它包括了GEO（静地卫星），WRS（广域基准站），WMS（广域主控站）和GES（地面地球站），但具体的布置可能不同。

表 6-2　WAAS 的几种系统配置（套）

配置 / WAAS	WRS	WMS	GES	GEO	服务区
FAA	15 ～ 30	2 ～ 4	2 ～ 4	2 ～ 6	美国大陆
日　本	4	1	2(1)	2	日本
澳大利亚	10 ～ 12	2(1)	2(1)	2 ～ 3	AAOI
中　国	8 ～ 15	2(1)	2(1)	2 ～ 3	中国
AAAS	22 ～ 31	3	4(2)	4 ～ 6	亚-澳

AAOI = Australia Area of Interest.（　）中为Active。

表6-2是几种系统的配置[2]。其中AAAS是亚-澳增强系统，它的工作过程是：

WRS收集对所有可见的GPS和GEO的测量数据，按联合软件处理和汇总并发往各国的WMS；每个国家的WMS制作和编辑包括卫星完善性电文、差分修正及电离层延迟信息的用户数据电文，送到GES；经交叉检验、综合，连同GPS信号一起上行到所有GEO。

广域差分GPS网能同时在几个基准站对卫星进行观测，这些基准站的地心坐标精确已知，同时可以利用观测数据实时监测卫星轨道误差：即沿轨道方向(ATK)、垂直轨道方向(XTK)和沿径向(RAD)的误差分量。同时，可以进行定轨，实时计算出卫星轨道的ATK,XTK和RAD的修正量。这样能把轨道精度改进到2.6 m。由此可将离基准站300 km的用户，由星历数据引起的差分误差减小到0.7 m以下。

SA政策现已实行，要计算精密星历数据是较困难的。要计算星历必须能够从广播星历数据中分辨出抖动的影响。利用广域差分GPS可以计算出卫星星历数据和SA时钟误差。

利用来自4个或更多基准站的观测数据，可以完成对每颗卫星的位置和时间的最小二乘法求解。通过从基准站到卫星(x^j,y^j,z^j)的矢径关系，可以求解出卫星的ATK,XTK,RAD和时钟误差分量。时钟误差包括卫星星历数据中的时钟偏移和由SA引入的误差，由剩余的卫星时钟SA和径向位置误差将引起0.3 m的距离误差。

综上分析，在600 km范围内，采用广域差分GPS，使定位精度提高了近4倍。

6.1.4 相位平滑伪距差分

GPS接收机除了可以提供伪距测量外，稍加改进还可提供载波相位测量。由于载波相位的测量精度比码相位的测量精度高2个数量级，因此，如果能获得载波整周数，就可以获得近乎无噪声的伪距测量。载波整周数(或称整周模糊数)的求解很困难，是目前正在研究的课题。但要获得载波多普勒频率却是比较方便的，而实际上，载频多普勒计数测量反映了载波相位变化信息，亦即反映了伪距的变化率，利用这一信息来辅助码伪距测量可以获得比单独采用码伪距测量更高的精度。

经差分修正后，伪距和相位的观测方程为

$$\rho_i = R_i + c\mathrm{d}\tau + V_1$$

$$\lambda(\varphi_i + N_i) = R_i + c\mathrm{d}\tau + V_2$$

式中　$\mathrm{d}\tau$ ——用户钟差；

φ_i ——观测的相位小数；

N_i ——相位整周数；

λ ——波长；

V_i ——接收机测量噪声。

取 t_1 和 t_2 时刻的相位观测之差

$$\delta\rho_i(t_1,t_2) = \lambda[\varphi_i(t_2) - \varphi_i(t_1)] = R_i(t_2) - R_i(t_1) + c\mathrm{d}\tau(t_2) - c\mathrm{d}\tau(t_1) + V_2^1$$

式中相位整周数被消除了。GPS 相位测量的噪声电平为毫米数量级，所以相对伪距观测而言，可忽略 V_2^1。此时，在 t_2 时刻的伪距观测量为

$$\rho_i(t_2) = R_i(t_2) + c\mathrm{d}\tau(t_2) + V_1 = R_i(t_1) + c\mathrm{d}\tau(t_1) + \delta\rho_i(t_1,t_2) + V_1 = \rho_i(t_1) + \delta\rho_i(t_1,t_2)$$

由于差分伪距观测量的噪声呈高斯白噪声，均值为零，认为在 t_1 和 t_2 时刻均为 V_1。

由上式可由 t_2 时刻差分伪距观测量经相位变化量回推 t_1 时刻的差分伪距观测量为

$$\rho_i(t_1) = \rho_i(t_2) - \delta\rho_i(t_1,t_2)$$

假设有 k 个时刻的观测值 $\rho_i(t_1),\rho_i(t_2),\cdots,\rho_i(t_k)$，利用相位观测量可求出从 t_1 到 t_k 的相位差值 $\delta\rho_i(t_1,t_2),\delta\rho_i(t_1,t_3),\cdots,\delta\rho_i(t_1,t_k)$，于是有

$$\begin{cases}\rho_i(t_1)=\rho_i(t_1)\\ \rho_i(t_1)=\rho_i(t_2)-\delta\rho_i(t_1,t_2)\\ \cdots\cdots\\ \rho_i(t_1)=\rho_i(t_k)-\delta\rho_i(t_1,t_k)\end{cases}$$

并可得到 t_1 时刻的伪距平滑值为

$$\bar{\rho}_i(t_1)=\frac{1}{k}\sum\rho_i(t_1)$$

若每时刻的噪声都服从于假设的高斯分布，其方差记为 $\sigma^2(\rho)$，则差分伪距平滑值的误差方差为

$$\sigma^2(\bar{\rho})=\frac{1}{k}\sigma^2(\rho)$$

求得 t_1 时刻的平滑值后，可推得其他各时刻的平均值，即

$$\bar{\rho}_i(t_j)=\bar{\rho}_i(t_1)+\delta\rho_i(t_1,t_j),\quad j=2,3,\cdots,k$$

以上推导适用于数据的后处理。为实时应用，采用另一种平滑形式，即

$$\bar{\rho}_i(t_j)=\frac{1}{j}\rho_i(t_j)+\frac{j-1}{j}[\rho_i(t_{j-1})+\delta\rho_i(t_{j-1},t_j)]$$

该式可理解为相位平滑的差分伪距是直接差分伪距观测量与推算量的加权平均。

6.1.5 载波相位差分

载波相位差分技术又称为 RTK 技术（Real Time Kinematic），是建立在实时处理两个测点的载波相位基础上的。与伪距差分原理相同，由参考站通过数据链实时将其载波观测量及站坐标信息一同传送给用户。用户接收 GPS 卫星的载波相位与来自参考站的载波相位，组成相位差分观测值进行实时处理，能实时给出厘米数量级的定位结果。下面给出载波相位差分的方法之一，即逼近法的基本原理。

在基准站观测第 i 个 GPS 卫星，求得伪距为

$$\rho_b^i = R_b^i + c(d\tau_b - d\tau_s^i) + d\rho_b^i + d\rho_{bion}^i + d\rho_{btrop}^i + dM_b + V_b \tag{6-16}$$

式中　R_b^i——基准站到第 i 个卫星的真实距离，可由基准站坐标和卫星的星历求得；

$d\tau_b$——基准站的时钟偏差；

$d\tau_s^i$——第 i 个卫星的时钟偏差；

$d\rho_b^i$——第 i 个卫星的星历误差（包括 SA 政策影响）引起的伪距误差；

$d\rho_{bion}^i$——电离层效应；

$d\rho_{btrop}^i$——对流层效应；

dM_b——多径效应；

V_b——GPS 接收机噪声。

利用卫星星历计算出卫星的位置与已知基准站的精确坐标来计算出卫星至基准站的真实距离 R_b^i，这样可求出伪距修正数，即

$$\Delta\rho_b^i = R_b^i - \rho_b^i = -c(d\tau_b - d\tau_s^i) - d\rho_b^i - d\rho_{bion}^i - d\rho_{btrop}^i - dM_b - V_b \tag{6-17}$$

同时，用户台接收到的伪距为

$$\rho_u^i = R_u^i + c(d\tau_u - d\tau_s^i) + d\rho_u^i + d\rho_{uion}^i + d\rho_{utrop}^i + dM_u + V_u \tag{6-18}$$

如果用 $\Delta\rho_b^i$ 对用户伪距进行修正，则

$$\Delta\rho_b^i + \rho_u^i = R_u^i + c(d\tau_u - d\tau_b) + (d\rho_u^i - d\rho_b^i) + (d\rho_{uion}^i - d\rho_{bion}^i) + (d\rho_{utrop}^i - d\rho_{btrop}^i) + (dM_u - dM_b) + (V_u - V_b) \tag{6-19}$$

当基准站与用户站相距较近时（小于 100 km），则

$$d\rho_u^i = d\rho_b^i,\quad d\rho_{uion}^i = d\rho_{bion}^i,\quad d\rho_{utrop}^i = d\rho_{btrop}^i$$

所以

$$\Delta\rho_b^i+\rho_u^i=R_u^i+c(\mathrm{d}\tau_u-\mathrm{d}\tau_b)+(\mathrm{d}M_u-\mathrm{d}M_b)+(V_u-V_b)=$$

$$\sqrt{(x^i-x_u)^2+(y^i-y_u)^2+(z^i-z_u)^2}+\Delta\mathrm{d}\rho \tag{6-20}$$

如果基准站与用户站间同时观测相同的 4 颗卫星，则有 4 个式(6-20)的联立方程，由此可求解出用户站的坐标(x_u，y_u，z_u)和 $\Delta\mathrm{d}\rho$。而 $\Delta\rho$ 中包含同一观测历元的各项残差，即

$$\Delta\mathrm{d}\rho=c(\mathrm{d}\tau_u-\mathrm{d}\tau_b)+(\mathrm{d}M_u-\mathrm{d}M_b)+(V_u-V_b) \tag{6-21}$$

对于载波相位观测量：

$$\rho_u^i=\lambda(N_{u0}^i+N_u^i)+\varphi_u^i \tag{6-22}$$

式中 N_{u0}^i——起始相位模糊度，即相位整周数的初始值；

N_u^i——从起始历元开始至观测历元间的相位整周数；

φ_u^i——测量相位的小数部分；

λ——载波波长，对于 L_1 频段为 19 cm。

将式(6-22)代入基准站和用户站的观测方程式(6-20)，并考虑到，基准站的载波相位数据由数据链传送至用户站，在用户站上将两者进行差分，则有

$$\Delta\rho_b^i=R_b^i-\rho_b^i=R_b^i-\lambda(N_{b0}^i+N_b^i)-\varphi_b^i$$

$$\Delta\rho_b^i+\rho_u^i=R_b^i-\lambda(N_{b0}^i+N_b^i)-\varphi_b^i+\lambda(N_{u0}^i+N_u^i)+\varphi_u^i=$$

$$R_b^i+\lambda(N_{u0}^i-N_{b0}^i)+\lambda(N_u^i-N_b^i)+\varphi_u^i-\varphi_b^i=$$

$$\sqrt{(x^i-x_u)^2+(y^i-y_u)^2+(z^i-z_u)^2}+\Delta\mathrm{d}\rho$$

最后得

$$R_b^i+\lambda(N_{u0}^i-N_{b0}^i)+\lambda(N_u^i-N_b^i)+\varphi_u^i-\varphi_b^i=$$

$$\sqrt{(x^i-x_u)^2+(y^i-y_u)^2+(z^i-z_u)^2}+\Delta\mathrm{d}\rho \tag{6-23}$$

式中 R_b^i 为基准站到卫星的真实距离，是由卫星星历与基准站的坐标求出的。求解此方程最关键的问题是如何求解起始相位模糊度。

下面介绍利用快速逼近技术来解算的过程。

令
$$\Delta\varphi=\lambda(N_{u}^{i}-N_{b}^{i})+\varphi_{u}^{i}-\varphi_{b}^{i}$$

为载波相位测量差值，并

$$N^{i}=(N_{u0}^{i}-N_{b0}^{i})$$

为起始相位整周数之差，在整个测量时段中保持卫星跟踪不失锁，此时 N^{i} 为常数。在同一历元中，式(6-23)可写为

$$R_{b}^{i}+\lambda N^{i}+\Delta\varphi=\sqrt{(x^{i}-x_{u})^{2}+(y^{i}-y_{u})^{2}+(z^{i}-z_{u})^{2}}+\Delta d\rho \tag{6-24}$$

式中未知数有 N^{i}，x_{u}，y_{u}，z_{u} 及 $\Delta d\rho$；$\Delta\varphi$，N_{u}^{i}，N_{b}^{i} 可测到；N^{i} 为基准站与用户站对第 i 颗卫星的起始整周模糊度之差，为整数形式。

在测量中，如果保持卫星不失锁，除相位整周数 N^{i} 保持不变外，其他均为变量，即(x_{u},y_{u},z_{u})和 $\Delta d\rho$ 在每个历元都不同。(x_{u},y_{u},z_{u})为运动目标，是我们求解的参数。而 $\Delta d\rho$ 的变化程度分析如下：

$$\Delta d\rho=c(d\tau_{u}-d\tau_{b})+(dM_{u}-dM_{b})+(V_{u}-V_{b})$$

第一项 $c(d\tau_{u}-d\tau_{b})$为基准站和用户站时钟偏差导致的距离误差。作数据处理时，若程序要求采用 GPS，则可把两站采集数据的时间归化到整秒上进行。这样，尽管 GPS 接收机采用的晶体振荡器稳定度仅为 10^{-1}，但仍能保证达到 10^{-7}的精度。所以这一项在第 i 个历元和第$(i+1)$个历元间基本不变。

第二项$(dM_{u}-dM_{b})$是由于两站间多路径效应不一样所致。对于基准站而言，天线保持不动，所以 dM_{b} 不变。当用户站处于运动中时，dM_{u} 可能有些变化，但对于两个观测历元之间$(dM_{u}-dM_{b})$基本不变。

第三项$(V_{u}-V_{b})$为两个 GPS 接收机的测量噪声。一般同型号的接收机其测量噪声基本相同。

由此，在每个历元之间的 $\Delta d\rho$ 基本保持不变，在求解过程中

可以视为常数。

由以上分析看出，在第 1 个历元中观测了 4 颗卫星，可以得到式(6－24)的 4 个单差方程，其中包括 8 个未知数：x_u，y_u，z_u，$\Delta d\rho$，$N^i(i=1,2,3,4)$。在第 2 个历元中又得到式(6－24)的 4 个单差方程。共有 8 个单差方程，但又增加了 3 个未知数：x'_u，y'_u，z'_u。由此继续观测 5 个历元后，可得到式(6－24)的 20 个单差方程，共包括 20 个未知数：x'_u，y'_u，$z'_u(i=1,2,3,4,5)\Delta d\rho$，$N^i(i=1,2,3,4)$。这样就可以对其方程求解。经过若干历元后，就可求出 $\Delta d\rho$ 和 $N^i(i=1,2,3,4)$。将该值代入式(6－24)中，此时方程中仅有 x_u，y_u，z_u 三个未知数。如果在一个历元中观测 4 颗卫星，就可解出用户站的精确坐标，精度可达厘米级。在动态定位中，如果由于某种原因卫星失锁，也可采用这种方法重新估算 N^i 而继续精确定位。

6.1.6 相对差分

GPS 是建立在 ECEF 的 WGS84 坐标系基础上的，到此为止我们所谈论的 GPS 或 DGPS 都是相对地球而定位，因而称作绝对定位、绝对差分。但是在许多应用场合，特别是在航空航天领域，例如空间飞船的交会对接，飞机的空间加油，航天飞机对卫星的空间释放和收回，导弹的空中拦截，飞机在活动平台(如航空母舰)上的起降等，对地球的定位是不重要的。重要的是两个运动物体之间的相对位置、相对速度和相对姿态。相对定位通过相对差分来实现，与绝对差分不同之处是参考站可以是活动的，其已知的参考坐标可相对任何一点来定，也可相对活动的参考站本身(即设为零)，于是代替式(6－1)，即

$$\begin{cases}\Delta x = x'_u - x' \\ \Delta y = y'_u - y' \\ \Delta z = z'_u - z'\end{cases}$$

上式右端为用户和参考站的 GPS 测量值，左端为用户相对于参考

站的位置坐标。在动态情况下，相对差分目前由码伪距测量来完成，相位差分在探讨之中，主要解决整周模糊数问题。

6.2　码伪距多重差分方法

6.2.1　单差方法

接收机之间的单差 Δ 定义为从用户所在点的伪距中减去参考点的伪距，即

$$\Delta \equiv (\cdot)_u - (\cdot)_r$$

所以

$$\Delta\rho = \Delta D + \Delta \mathrm{d}\rho - c\Delta b + \Delta T + \Delta I + \varepsilon(\Delta\rho)$$

式中　ρ —— 测量得到的用户和卫星之间的码伪距；

D —— 相应的实际几何距离；

$\mathrm{d}\rho$ —— 卫星轨道误差；

b —— 接收机钟差；

I —— 电离层误差；

$\varepsilon(\Delta\rho)$ —— 测量噪声剩余误差。

在这种差分方法中，卫星钟误差消除了，卫星轨道误差和大气层误差明显减小，但测量噪音未减小。用户坐标包含在 ΔD 中。

卫星之间的单差▽定义为同一接收机对两颗卫星进行观测所得到的两个伪距之差，即

$$\nabla \equiv (\cdot)_{sv2} - (\cdot)_{sv1}$$

所以

$$\nabla\rho = \nabla D + \nabla \mathrm{d}\rho + C\nabla B + \nabla I + \nabla T + \varepsilon(\nabla\rho)$$

在这种差分方法中，卫星钟差 B 不能消除，但接收机钟差消除了，大气层影响相对减小，未知量包含在 ∇D 中。

不同时刻之间的单差 δ 定义为单台接收机对同一卫星，在不

同时刻进行观测所得到的两个伪距之差，即

$$\delta \equiv (\cdot)_{t2} - (\cdot)_{t1}$$

所以

$$\delta\rho = \delta D + \delta \mathrm{d}\rho + c(\delta B - \delta b) + \delta I + \delta T + \varepsilon(\delta\rho)$$

在这种方法中，轨道和大气层误差明显减少，未知量包含在 δD 中，不同时刻的差分实际上是按时间计算距离差，因此有时也称之为多普勒观测。这种距离差分对 C/A 码而言有 1～3 m 的分辨力。差分精度与时间间隔有关。

6.2.2 卫星—接收机双差

卫星—接收机双差 $\Delta\nabla$ 定义为先对两颗卫星单差，再对两个接收机单差，即

$$\Delta\nabla \equiv \{(\cdot)_{sv2} - (\cdot)_{sv1}\}_u - \{(\cdot)_{sv2} - (\cdot)_{sv1}\}_r$$

所以

$$\Delta\nabla\rho = \Delta\nabla D + \Delta\nabla \mathrm{d}\rho + \Delta\nabla I + \Delta\nabla T + \varepsilon(\Delta\nabla\rho)$$

可以看出，卫星钟差和接收机钟差已消除，轨道和大气层误差也明显减少，当然，测量噪声不会减小，未知量包含在 $\Delta\nabla D$ 中。

6.2.3 三 差

三差定义为在上述双差的基础上再对不同时刻的结果差分，即

$$\begin{aligned}\delta\Delta\nabla \equiv & [\{(\cdot)_{sv2} - (\cdot)_{sv1}\}_u - \{(\cdot)_{sv2} - (\cdot)_{sv1}\}_r]_{t2} - \\ & [\{(\cdot)_{sv2} - (\cdot)_{sv1}\}_u - \{(\cdot)_{sv2} - (\cdot)_{sv1}\}_r]_{t1}\end{aligned}$$

所以

$$\delta\Delta\nabla\rho = \delta\Delta\nabla D + \delta\Delta\nabla \mathrm{d}\rho + \delta\Delta\nabla I + \delta\Delta\nabla T + \varepsilon(\delta\Delta\nabla\rho)$$

该差分的结果是，卫星钟差和接收机钟差已消除，轨道误差和大气层延迟误差大大减小。未知量隐含在 $\delta\Delta\nabla D$ 中。

多重差分最初是为静态测量用户而用的，数据处理方法进行

了修改和提高后，也可用于动态实时用户，例如见参考文献[3]。

应该注意的是，参考站和用户要使用相同的卫星星历；参考站不必作过多的修正，因为正是要利用参考站的相关误差去修正用户的相应误差；参考站修正量的时间也要告诉用户，以便用户去估计任何随时间变化着的信息的完善性和可用性。

6.3 SCAT—I 差分格式

本节介绍由航空无线电技术委员会 159 专门委员会(RTCA/SC—159)公布的最低航空系统性能标准——差分全球导航卫星系统仪表进场系统：特 I 类(SCAT—I)差分电文格式。这种能支持 DGNSS 精密进场的电文由三部分组成：即 48 bits 的电文头、电文(可变字长)和完善性检测(CRC—Cyclic Reduidancy Check，32 bits)。电文类型有：

(1) 差分修正；

(2) 差分修正的变化(选项)；

(3) 参考站位置(选项)；

(4) 精密进场轨迹定义(选项)；

(5) 远距离差分修正(选项)；

(6) 远距离差分修正的变化(选项)；

(7) 实验(选项)；

(8) 卫星可用性(选项)；

(9)～(63)．备用。

RTCM SC—104 为 DGPS 应用定义了 12 种电文格式，还有另外 6 种分配给将来使用，这 12 种电文中只有 3 种直接与航空相关且被用于精密进场。

6.3.1 电文字头

电文字头包含了与每个SCAT—I发射的内容相关信息，其构成如表6-3所示。

表6-3 电文字头格式

参 数	bit数	字 数
电文块ID('1001 1001')	8	
参考站ID	24	
备用	2	
电文类型	6	
电文长度	8	6

值得注意的是，参考站ID由RTCM SC—104标准中的10字节扩展为24字节，以便与ICAO的机场识别标准相兼容。电文长度在RTCM中是30字节，与GPS字长一致，这里只用了8字节，用以支持一般的电文类型。

6.3.2 电文1——差分修正

电文类型1为每个GPS卫星提供差分修正数据，其格式如表6-4所示。

尽管在SCAT—I格式中包含了与RTCM相同的一般信息，这里有两处不同：6 bit的奇偶校验域和序列号被从RTCM中拿掉了。

表6-4 电文类型1格式

参 数	bit数	字 数
修正z计数	13	
加速度误差界	3	2

续　表

参　　数	bit 数	字　　数
卫星 ID	6	
伪距修正	16	
数据发布	8	
距离率修正	12	
UDRE	6	6
(N 个卫星重复)……		
卫星 ID	6	
伪距修正	16	
数据发布	8	
距离率修正	12	
UDRE	6	6

修正 z 计数的分辨率为 0.2 s，而在 GPS 定义中为 6 s，在 RTCM DGPS 中为 0.6 s，因而 RTCA 可支持潜在的快速更新率，达到 5 个/s 独立的电文。

加速度误差界是伪距修正的加速度误差的估计，在 RTCM 标准里无此项，代之以参考站健康域。该估值应当是地面系统确定为可用的可见工作星的最大加速度。

RTCM 电文格式为卫星 ID 域分配了 5 个 bit，这就不允许多于 8 个附加测距信号，例如同步卫星、伪卫星等。这里为卫星 ID 域多增加了 1 个 bit，以扩大其能力。

伪距修正的分辨率是 0.02 m，伪距修正量(PRC)可产生 ±655.34 m的距离，如果这不够的话，类型 5 电文可发送。下式是伪距(PR)、PRC、距离变化率修正(RRC)和参考时间(由修正 z 计

数确定)之间的数学关系:

$$PR_{corre}(t)=PR_{meas}(t)+PRC+RRC^{*}(t-t_{ref})$$

RRC 的分辨率是 0.002 m/s,产生±4.094 m/s 的值。$(t-t_{ref})$表示了修正量的“龄”。

UDRE(用户差分距离误差)是由参考站所作的对差分修正精度的估计,其置信度应至少为 99.5%,分辨率为 0.2 m,产生从 0.0～12.4 m 范围的数值。全为 1 时(111111),表示卫星的修正量不可用。这里的 UDRE 也与 RTCM 标准不同,它反映了航空系统地面发射设备性能的更严格要求。

6.3.3 电文 2——差分修正变化

这种电文类型在最小航空系统性能标准差分全球卫星导航仪表进场系统中是不需要的。该电文为 GPS 卫星提供了由一个 IOD(数据发布)到下一个时间伪距和距离率修正的变化,以使接收机在类型 1 电文没有时也能用修正的 IOD 继续工作,其结构和格式完全与类型 1 相同,只有伪距和距离率修正由前一个 IOD 到目前的伪距修正变化和距离率修正变化代替。考虑了变化量的修正关系为

$$PR_{corre}(t)=PR_{meos}(t)+(PRC_{new\ IOD}+\Delta PRC)+RRC_{new\ IOD}+\Delta RRC^{*}(t-t_{ref2})/(t-t_{ref1})$$

式中 t_{ref1}——类型 1 电文的参考时间;

t_{ref2}——类型 2 电文的参考时间。

6.3.4 电文 3——参考站位置

电文类型 3 被备留为参考站天线在 WGS84 坐标系中的精确位置,其定义见表 6-5。RTCM 标准中确定参考站位置用直角坐标系,需 96 bit 字。这里用经—纬—高度表示,需要的 bit 数少些。

表 6－5　电文 3 格式

参　　数	bit 数	字　数
纬度　N/S	1	
度	7	
分	22	
经度　E/W	1	
度	8	
分	22	
高度	19	10

6.3.5　电文 4——终端进场阶段(FAS)结构数据

本电文可被选用来广播 SCAT—I 在 WGS84 中定义的跑道的终端进场轨迹。它包含一个进场轨迹或多个进场轨迹的特征。电文格式见表 6－6。

表 6－6　电文 4 格式

参　　数	bit 数	字　　数
机场 ID	24	3
跑道号	6	
跑道标记	2	
TCH	8	2
TCWP(全规定)		
纬度　N/S	1	
度	7	
分	22	
经度　E/W	1	
度	8	
分	22	
高度	19	10

续　表

参　　数	bit 数	字　　数
GPIWP(参考全 TCWP)		
$\Delta_{纬度}$(近似)	12	
$\Delta_{经度}$(近似)	12	
$\Delta_{高度}$(近似)	8	4
(对下一个跑道,重新定义上面数据块)		
……		

TCH:穿越门槛高度;

TCWP:穿越门槛航路点;

GPIWP:下滑道横截航路点;

$GPIWP_{纬度}=TCWP_{纬度}+\Delta_{纬度}$;

$GPIWP_{经度}=TCWP_{经度}+\Delta_{经度}$;

$GPINP_{高度}=TCWP_{高度}+\Delta_{高度}$。

$\Delta_{纬度}$和 $\Delta_{经度}$的分辨率是 0.000 1 分,它可产生±1.638 3 分范围的数,$\Delta_{高度}$的分辨率是 0.03 m,产生±15.58 m 范围的修正数。

6.3.6 电文 5——大距离差分修正/电文 6——差分修正的大距离变化

这两种电文是当卫星有特别大的伪距漂移时提供差分修正(或变化)。它是用来支持伪距误差特别大时的差分工作,而不是支持 DIAS。其电文结构、格式和使用方法与电文 1/电文 2 相同,所不同的是这里的伪距修正占 24 个 bit(在电文 1 中占 16 bit),同样 0.02 m 分辨率,可产生 167 772.14 m 范围的修正值,距离率修正占 20 bit(在电文 1 中占 12 bit),可产生 1 048.576 m/s 的修正值,电文 6 中的 $\Delta_{伪距}$修正和 $\Delta_{距离率}$修正具有类似的情况。

6.3.7 电文 7

电文 7 可定义用做实验、私人用途、专利系统实施等的特殊电文。

6.3.8 衔接循环冗余校验

为了保证电文的完善性，在每个电文中设置了 24 bit 的循环冗余校验(CRC)。

高水平的完善性是精密进场系统的最基本部分，当故障发生时能尽可能快地检测出来对飞机的安全性是非常重要的。RTCM 建议的完善性检测完全与 GPS 相同，即 6 bit 奇偶校验，这种方法不能满足航空应用的完善性要求，因为 6 bit 大约产生 1.6×10^{-2} 的置信度，而 CRC 方法的漏检概率小于 6.0×10^{-8}。

6.4 差分 GPS 的误差分析

差分 GPS 的主要优点是可以消除或减小系统性误差，而对随机性误差则没有什么作用。但由误差理论知道，系统误差具有累积性影响；而偶然误差具有随机性，通过增加观测次数(静态)或跟踪观测时间(动态)，可大大减弱偶然误差的影响，提高测量结果精度。

差分校正的残余误差将影响差分 GPS 导航解的精度，其关系式为

$$\text{差分 GPS 误差} = (\text{残余的偏差} + \text{噪声}) \times \text{PDOP}$$

式中 PDOP 的典型值为 2.6，可以小到 1(最佳卫星几何关系)。卫星在轨运动时，PDOP 不断发生着变化。限制差分 GPS 精度的因素有以下几个：

(1) 星历不确定性：星历误差不能由差分校正完全消除，剩余

误差是用户与参考站之间距离的函数。

(2) 电离层延迟:用户和差分参考站到卫星的路径经过了不同的大气层,因而导致了不同的信号延迟。

(3) 对流层延迟:当地对流层条件对 GPS 信号有明显影响,这种影响在用户所在地和参考站所在地也许不相同。

(4) 地球曲率:即用户可视的卫星而参考站可能不可视。

(5) 遮挡:建筑物、结构物或地形可能遮蔽卫星,使之只对用户可视而对参考站不可视。

(6) 多路径:它由天线周围的反射引起,其误差具有随机的性质,任何两个天线周围的反射状况都是不同的。

(7) 接收机噪声:它是差分 GPS 的一个重要问题。噪声电平与差分校正为相同的数量级甚至前者略大,当接收机不处于一个固定位置以及位置精度系数不是最佳时,噪声误差特别明显,用户动态将增加测量噪声。

(8) 选择可用性(SA)。

上述误差大多数是位置的函数。通常,参考站所提供的修正量与用户所用的最好的修正量之间具有一阶关系,即

$$\Delta\rho_u \approx \Delta\rho_r + \frac{\partial(\Delta\rho)}{\partial x}\delta x + \Delta\dot{\rho}\Delta t + \delta\rho$$

其中,用户最好的修正量 $\Delta\rho_u$ 意指它可以把用户的误差全部消除掉,实际上参考站提供的修正 $\Delta\rho_r$ 只是其中的一部分,其余部分为剩余误差,我们分别定义这些误差为 1,2,3 类误差。

第 1 类,距离反相关误差$[\partial(\Delta\dot{\rho})/\partial x]\delta x$,它是参考站与用户之间距离引起的、在二者之间不相关的误差,因而未能包含在 $\Delta\rho_r$ 中被修正掉。

第 2 类,时间反相关误差 $\Delta\dot{\rho}\Delta t$,它是差分修正随时间变化而引起的,这种影响常被称作“等待时间”或“数据龄”。为了解决这个问题,大多数差分系统都把修正量随时间变化率作为通信信息的

一部分播发。对于 10 s 的时间延迟，这种一阶修正可以达到大约 0.5 m 的精度。高阶变化率也可以随修正信号广播，但其估值充满了噪声，SA 带来的高频变化给预测造成了困难。

第 3 类，不相关误差 $\delta\rho$，它不能用差分 GPS 修正，如果用户离参考站很近并且没有延迟，这一项可以被看做是用户和参考站的误差。用户和参考站都为总的差分 GPS 用户误差贡献了力量。

为了方便，我们把各种差分 GPS 误差源所引起的结果在表 6－7中加以概括。有两个共同点要产生。首先，设计粗略的 DGPS 系统始终比所估计的要差，造成设计不够完好的因素很多，但大多数的共同之处是与 DGPS 的通信链有关的。第二，伪距误差值 (1σ) 的概述已在表中给出，由于这些延迟误差源的许多都是随机的，所以，有时更好，有时则更糟。

表 6－7　相距参考站 50 km 的用户差分 GPS 误差估值

误　差　源	1σ 误差/m		
	偏　差	随　机	总　和
星历数据	0.0	0.0	0.0
卫星钟	0.0	0.7	0.7
电离层	0.0	0.5	0.5
对流层	0.0	0.5	0.5
多路径	1.0	1.0	1.4
接收机测量	0.0	0.2	0.2
参考站误差	0.3	0.2	0.4
UERE(RMS)	1.0	1.4	1.8
滤波 UERE(RMS)	1.0	1.4	1.1
1σ 误差	垂直的　VDOP＝2.5		2.8
	水平的　HDOP＝2.0		2.2

表 6－8 给出了随时间(修正数据“龄”)和距离(用户到参考站距离)变化并假定存在 SA 误差情况下，差分修正的伪距残差。

表 6-8 剩余 DGPS 伪距残差概述

误差源	无 DGPS 修正		零基线无延迟 DGPS （3类）		与延迟时间（2类）		与地理位置反相关 m·(100 km)$^{-1}$
	偏差 m	随机 m	偏差 m	随机 m	速度 m·s^{-1}	加速度 m·s^{-2}	（1类）
接收机噪声	0.5	0.2	0.3	0.0	0.0	0.0	0.0
多路径	0.3～3.0	0.2～1.0	0.4～3.0	0.2～1	0.0	0.0	0.0
卫星钟差	21.0	0.1	0.0	0.14	0.21	0.004	0.0
未引入 SA 的卫星星历误差	10.0 最大	0.0	0.0	0.0	忽略	忽略	<0.05
在星历中引入 SA 的卫星星历误差	100.0 最大	0.0	0.0	0.0	<0.01	<0.001	<0.5
电离层误差（只有电离层）	2～10（乘倾斜因子）	<0.1（乘倾斜因子）	0.0	<0.14	<0.02	忽略	<0.2
对流层误差	2（乘倾斜因子）	<0.1（乘倾斜因子）	0.0	<0.14	忽略	忽略	<0.2

参 考 文 献

1 王广运等编．差分GPS定位技术与应用．北京:电子工业出版社,1996

2 Michael Shaw. FAA.Implementation Planning for the Use of GPS in Air Navigation and Landing. National Technical Meeting,1995

3 James Arnolol. A National Approach to Augmented GPS. National Technical Meeting,1995

4 周忠漠,易杰军,周琪编著．GPS卫星测量原理与应用．北京:测绘出版社,1992

5 孙仲康,陈辉煌编著．定位导航与制导．北京:国防工业出版社,1987

6 许其风编著．GPS卫星导航与精密定位．北京:解放军出版社．1989

7 袁建平,熊焰．用于远距离差分GPS的电离层误差分析与补偿．西北工业大学学报,1993.1(11)

8 Yi Chung Chao. The Ionospheric Model Improvement for the stanford WAAS Network. National Technical Meeting.1995

9 Earl Blackwell. A Global DOD—Optimiged DGPS for Precision—Strike. ION GPS—95.1995

10 Yeou Jyh Tsai. Validation of the PTCA Message Format for WAAS. ION GPS—95,1995

11 Richard A.Brooks. GPS Error Budgets Accuracy and Applications Considerations for Test and Training Ranges. ADA128955.1982

12 Richard G, Baldwin. GPS Range Applications Study Final Report. ADA128953.1983

13 McLaurine R. 用差分GPS精密跟踪军事目标．张纪生译,飞行器测控技术,1995(2)

14 Darwin G.Abby. Test Range Instrumentation. AIAA,1994

15 张守信．外弹道测量与卫星轨道测量基础．北京:国防工业出版社,1992

16 Thomas B.Mccaskill. Performance of GPS Monitor Station Time Refer

ences and On Orbit Navstar Clocks. ION GPS,1996

17 Tor Egil Melgard. Precise GPS Time Transfer to a Moving vehicle. ION GPS,1995